AF878009

SITZUNGSBERICHTE DER SÄCHSISCHEN AKADEMIE DER WISSENSCHAFTEN ZU LEIPZIG

Mathematisch-naturwissenschaftliche Klasse
Band 123 · Heft 2

BERND WILHELMI

LICHTMIKROSKOPIE

ERNST ABBE UND SEIN EINFLUSS AUF MODERNE ENTWICKLUNGEN

AKADEMIE VERLAG

Autor: Prof. Dr. Bernd Wilhelmi

Vorgetragen in der Sitzung am 9. Februar 1990
Manuskript eingereicht am 21. Juni 1990
Druckfertig erklärt am 28. Januar 1991

Das vorliegende Werk wurde sorgfältig erarbeitet. Dennoch übernehmen Autoren, Herausgeber und Verlag für die Richtigkeit von Angaben, Hinweisen und Ratschlägen sowie für eventuelle Druckfehler keine Haftung.

Lektorat: Renate Helle
Manuskriptbearbeitung: Ursula Heilmann
Herstellerische Betreuung: Hans Herschelmann

ISBN 3-05-501276-3
ISSN 0371-327X

© Akademie Verlag GmbH, Berlin 1991

Erschienen in der Akademie Verlag GmbH, O-1086 Berlin
(Federal Republic of Germany), Leipziger Str. 3-4

Gedruckt auf säurefreiem Papier.
Alle Rechte, insbesondere die der Übersetzung in andere Sprachen, vorbehalten. Kein Teil dieses Buches darf ohne schriftliche Genehmigung des Verlages in irgendeiner Form - durch Fotokopie, Mikroverfilmung oder irgendein anderes Verfahren - reproduziert oder in eine von Maschinen, insbesondere von Datenverarbeitungsmaschinen, verwendbare Sprache übertragen oder übersetzt werden. Die Wiedergabe von Warenbezeichnungen, Handelsnamen oder sonstigen Kennzeichen in diesem Buch berechtigt nicht zu der Annahme, daß diese von jedermann frei benutzt werden dürfen. Vielmehr kann es sich auch dann um eingetragene Warenzeichen oder sonstige gesetzlich geschützte Kennzeichen handeln, wenn sie nicht eigens als solche markiert sind.

Satz: Schreibbüro Schubert
Druck und buchbinderische Weiterverarbeitung: GAM MEDIA Buchproduktions- und Verlags GmbH
Bestellnummer: 2027/123/2
Printed in the Federal Republic of Germany

Ernst Abbe und sein Einfluß auf moderne Entwicklungen

Am 23. Januar 1990 jährte sich der Geburtstag Ernst Abbes, Mitglied der Sächsischen Akademie der Wissenschaften zu Leipzig, zum 150. Mal. Dies ist uns Anlaß, die bisherige Geschichte der Lichtmikroskopie einschließlich moderner, zukunftsträchtiger Entwicklungen zu betrachten und den Einfluß dieses großen Gelehrten und Unternehmers auf Theorie und Praxis der Optik zu untersuchen.

1. Einführung

Im Verlauf der stammesgeschichtlichen Entwicklung des Menschen haben sich seine Sinnesorgane in der Auseinandersetzung mit der Umwelt zu ihrer heutigen Leistungsfähigkeit herausgebildet. Einerseits haben diese Sinnesorgane in Verbindung mit Nervensystem und Hirn unsere Vorfahren befähigt, die für ihr Leben und Überleben wichtigsten Erscheinungen wahrzunehmen, um geeignet darauf zu reagieren, andererseits hinderten und hindern begrenzte Empfindlichkeit, Nachweisgrenze und spektraler Verlauf der Detektivität den Menschen, viele weitere Phänomene unmittelbar zu erkennen und tiefer in die Naturprozesse einzudringen. Nehmen wir als Beispiel das menschliche Auge, weil über das Sehorgan der größte Teil der Information aus der Umwelt aufgenommen wird und weil das Auge zum Gegenstand dieses Vortrages in besonderer Beziehung steht. Der optimale Informationskanal des Menschen ist hinsichtlich seiner komplexen Leistungsfähigkeit höher als der aller anderen Lebewesen entwickelt, wenn er auch hinsichtlich einzelner Parameter, z. B. räumliche Auflösung und spektrale Empfindlichkeit, übertroffen wird.

Diese hohe Leistungsfähigkeit wird sowohl durch die physikalischen Parameter des Empfängers als auch durch die sehr hoch organisierte Bildungsverarbeitung im menschlichen Gehirn bestimmt. Jeder Empfangspunkt auf der Netzhaut wird von vielen (bis zu 70) Ganglienzellen gleichzeitig analysiert. Die retinalen Ganglienzellen projizieren diese Signale in mehrere visuelle Zentren des Gehirns, wo unterschiedliche Bildverarbeitungsfunktionen lokalisiert sind [3] und im Verbund mit den Ganglienzellen eine hohe Parallelverarbeitung, Datenverdichtung sowie zeitliche und räumliche Analyse sichern [3, 4]. Mittels dieser Bildverarbeitung werden zugleich verschiedene Bildfehler des Empfängers korrigiert. Wenden wir uns nun einigen physikalisch bestimmten Grenzen dieser Empfänger zu:

- Das menschliche Auge ist in der Lage, zwei Dingpunkte mit einem Winkelabstand von 1 Bogenminute unterscheiden zu können, was bei der deutlichen Sehweite von 250 mm einem kleinsten Abstand von etwa 0,06 mm gleichkommt (s. z.B. [1]).
- Die minimale Lichtenergie im grünen Spektralbereich, die dem menschlichen Auge zur Rezeption dargeboten werden muß, beträgt nur 10^{-17} J, was etwa 100 Lichtquanten entspricht [2].
- Die Summierungszeit des Auges, die das zeitliche Auflösungsvermögen bestimmt, beträgt 0,05 s (s. z.B. [1]).
- Der Wellenlängenbereich zwischen 400 und 750 nm wird üblicherweise als sichtbar bezeichnet. An diesen Grenzen ist die spektrale Empfindlichkeit des Auges etwa 3 Größenordnungen niedriger als im Maximum. Leistungsstarke Lichtsignale können aber auch über diese Grenzen hinaus wahrgenommen werden.

Diese Werte schränken den unmittelbaren Erkenntnisprozeß des Menschen auf räumliche Strukturelemente größer als 0,1 mm, zeitliche Veränderungen oberhalb von 0,1 s und etwa eine Oktave des elektromagnetischen Spektrums ein.

Um tiefer in das Wesen der Natur eindringen zu können, mußten die Menschen Instrumente schaffen, die das Leistungsvermögen der Sinnesorgane zu erhöhen vermögen. Wann unsere Altvorderen sich erstmals solcher Hilfsmittel bedienten, ist nicht genau auszumachen; klar ist aber, daß in diesem Prozeß die Erweiterung der Fähigkeiten der Augen eine herausragende Rolle spielte. Bei Ausgrabungen in Ninive fand der Engländer Layard eine plankonvexe Linse aus Bergkristall mit 10,7 cm Brennweite, über deren ursprüngliche Verwendung allerdings nichts Näheres bekannt ist [5]. Möglicherweise diente sie als schwach vergrößernde Lupe. Mit Sicherheit kann man sagen, daß um 300 v.u.Z., also zur Zeit Euklids von Alexandria, Hohlspiegel bereits im Gebrauch waren.

Wesentliche Fortschritte auf dem Gebiet einfacher optischer Instrumente wurden durch die Araber zwischen dem 8. und 11. Jahrhundert erreicht. Alhazen (Abu Ali Muhammed ben el Hasan ibn el Haitam el Basri, 1038) analysierte als erster den Sehvorgang genauer und beschrieb die Wirkung unterschiedlich geformter Spiegel (konkave und konvexe Kugel- und Zylinderspiegel); schließlich ist ihm die erste systematische Darstellung der Optik zu danken.

In Europa begann die Entwicklung der Optik am Ende des 16. Jahrhunderts, also während der Lebzeit Galileo Galileis, dem verschiedentlich auch die Erfindung von Mikroskop und Teleskop zugeschrieben wurde. Von wem und wann das erste Mikroskop tatsächlich aufgebaut wurde, ist uns nicht genau bekannt. Wahrscheinlich hat der niederländische Brillenmacher Z. Janssen 1590 als erster oder als einer der ersten in Analogie zum Teleskop ein vergrößerndes System aus Objektiv und Okular zur Erkennung kleiner Strukturen aufgebaut. In den folgenden Jahrzehnten wurden ähnliche Instrumente in verschiedenen Werkstätten Hollands und Italiens hergestellt, für die sich die auf den Griechen Demicianos zurückgehende Bezeichnung Mikroskop einbürgerte. 1611 nahm J. Kepler den Strahlengang des zusammengesetzten Mikroskops bereits in sein Werk "Dioptrice" [6] auf. 1665 erschien die erste Monographie zur Mikroskopie, das berühmte Werk "Micrographia or some Physiological Descriptions of Minute Bodies made by Magnifying Glasses with Oberservations and Inquiries there upon" [7] von R. Hooke, in der u.a. erstmals pflanzliche Zellen beschrieben werden.

Unter dem Begriff Mikroskop wurden früher aber auch starke Lupen mit Vergrößerungen bis zu etwa 200 geführt, die mit analogen Zielsetzungen verwendet wurden, wobei zu bemerken ist, daß, infolge der konstruktiven Unzulänglichkeiten, die "zusammengesetzten" Mikroskope die besten von den sogenannten "einfachen" oftmals kaum an Leistungsfähigkeit übertrafen. Welche kaum zu überschätzende Auswirkung bereits diese einfachen Mikroskope auf den Fortschritt der Naturwissenschaft hatten, mögen folgende Worte aus einem Brief von A. Leeuvenhoek (1632-1729), vielseitigster Mikroskopiker jener Epoche, an die Royal Society belegen: "Mit größtem Erstaunen erblickte ich im Wassertropfen eine riesige Vielfalt von Getier, die sich lebhaft in alle Richtungen bewegte, wie Hechte im Wasser. Die allerkleinsten dieser winzigen Lebewesen war tausendfach kleiner als das Auge einer ausgewachsenen Laus." Leeuvenhoek erreichte mit seinen selbst gebauten, einfachen Mikroskopen Vergrößerungen bis zu 270 [8] und drang damit - auch wenn die quantitativen Angaben wohl etwas übertrieben erscheinen - in eine völlig neue Welt, den Mikrokosmos, ein [8]. Wahrscheinlich war er in der Lage, Strukturen bis herab zu einigen Mikrometern zu erkennen. Die Wirkung des Mikroskops in jener Zeit bei der Entdeckung der Mikrowelt wird zu Recht mit der des Teleskops bei der Ergründung des Weltraums verglichen. In wenigen Jahrzehnten wurden u.a. die Organe von Insekten, Haut, Zunge und Augenlinse des Menschen studiert, Blutkapillaren, Erythrozyten und Spermatozoen entdeckt. Leeuvenhoek gelang es, im eigenen Zahnbelag Bakterien zu beobachten. Nach diesen ersten großen Erfolgen trat eine zeitweilige Stagnation in der Mikroskopie ein, weil die Qualität der Instrumente nicht ausreichte, um zu noch kleineren Strukturen vorzustoßen und weil vielfältige Bildfehler dieser Geräte zu Mißinterpretationen führten.

Seit der Zeit Galileis sind große Fortschritte auf dem Gebiet der Naturwissenschaften fast ausnahmslos mit der Entwicklung neuer bzw. verfeinerter Instrumente zur Beobachtung und Messung verknüpft, die letztlich alle die qualitativen und quantitativen Möglichkeiten unserer Sinnesorgane erweitern. Deshalb spielen Bau und Verbesserung wissenschaftlicher Instrumente und besonders von Meß- und Beobachtungsgeräten in allen Disziplinen der Naturwissenschaften eine bedeutende Rolle. Einerseits induzieren neue Entwicklungen auf den einzelnen Gebieten Forderungen nach verbesserten experimentellen Methoden und Geräten, wobei zumeist diejenigen Laboratorien, die führend an diesen Entwicklungen beteiligt sind, diese Forderungen nicht nur aufstellen, sondern auch wesentliche Beiträge zu ihrer Realisierung bringen. Andererseits liefern neue naturwissenschaftliche Erkenntnisse auf den Spezialgebieten Voraussetzungen für völlig neuartige experimentelle Techniken, die dann wiederum in anderen Disziplinen nutzbar sind. Auf diesem Feld von wechselseitiger Forderung und Befruchtung zwischen naturwissenschaftlichen und technischen Disziplinen konnte im 19. Jahrhundert, ausgehend von handwerklichen Instrumentenbauern, der wissenschaftliche Gerätebau als Industrie entstehen.

Auf diesem Weg vom Laboratorium eines Galilei, Janssen, Leeuvenhoek oder Hooke zu moderner Naturwissenschaft und Technik ist Ernst Abbe (23.01.1840-14.01.1905) gemeinsam mit Carl Zeiß (11.09.1816-03.12.1888) wichtige Schritte gegangen. Woher rührten die Triebkräfte für Verbesserungen der Mikroskope und der Mikroskopie in der Mitte des 19. Jahrhunderts? Sie waren weniger durch grundsätzlich neue Erkenntnisse oder Methoden aus Physik und Technik bedingt, sondern resultierten aus den Fortschritten und Anforderungen der biologischen und medizinischen Forschung in vielen Ländern Europas. Hatte man zu Zeiten Leeuvenhoeks einige spektakuläre Einzelentdeckungen gemacht, folgten nun systematische Untersuchungen zum Aufbau von Tieren und Pflanzen in größerer Breite. Außerdem gedieh die Forschung in kurzer Zeit so weit, daß das Mikroskop nicht nur für rein wissenschaftliche Untersuchungen, sondern auch für Überwachung und Diagnose eingesetzt werden konnte, wobei die sogenannten Trichinen-Mikroskope eine besonders hohe Verbreitung fanden. Im heutigen Vokabular könnte man sagen, Biowissenschaften und Medizin schufen einen wachsenden Markt mit starkem Innovationssog für Mikroskope. Unter den damaligen Bedingungen führte dies zu einer schnell anwachsenden Zahl von handwerklichen Glasschleifereien, zumeist im Umfeld von Universitäten. Diese Handwerksbetriebe produzierten Linsen und optische Instrumente auf der Grundlage eigener sowie überkommener Erfahrungen, mit denen seit der frühen Epoche der Mikroskopie einige Fortschritte hart und langsam erarbeitet worden waren. S. Czapski, Mitarbeiter von Ernst Abbe, drückte dies so aus: "Ein Optiker, der ein gewisses System zu bauen vorhatte, suchte sich vor allem ein diesem möglichst nahestehendes, anerkannt gutes, aus einer anderen Werkstatt zu verschaffen und kopierte dieses so genau wie möglich, Linse für Linse und Fläche für Fläche. Sollte die Brennweite etwas anders ausfallen als die des Musterstückes, so half allenfalls die "Theorie", alle Maße proportional zu verändern. Da aber die verfügbaren Gläser mit denen des Originals niemals ganz übereinstimmten und da auch die Krümmungen und Abstände infolge ungenauer Messung stets von den beabsichtigten etwas abwichen, so differierte schließlich auch die Bildqualität mehr oder minder von der erwarteten; zuweilen war sie sogar unwillkürlich verbessert - und dann verzeichnete man freudig einen Fortschritt in der mikroskopischen Optik.

Meist war sie natürlich verschlechtert, und dann begann ein planmäßiges "Korrigieren", für das es eine ganze Anzahl (meist als Fabrikgeheimnis ängstlich gehüteter) Erfahrungsregeln gab. Es ist ohne weiteres klar, wie sehr bei dieser "Methode" der ganze Erfolg abhängt von der Disposition des Arbeitsleiters. Erstaunlich bleibt in Wahrheit die Kunst, mit der hierbei der ganze so außerordentliche Fortschritt in der mikroskopischen Optik, von ihren Anfängen bis auf Plössl und Hartnack (G. S. Plössl, 1794-1868, Wiener Optiker in der Werkstatt J. F. Voigtländers, verbesserte die Korrektion von Mikroskopobjektiven, was von Abbe 1876 nachdrücklich hervorgehoben wurde. E. Hartnack, 1826-1891, schuf gute Anastigmate und führte Wasserlinsen ein, der Autor), erzielt worden war" (s. [9]).

Die 1846 gegründete Zeißsche Werkstatt fügte sich anfangs genau in den allgemeinen Stand und Lauf der Zeit ein. Carl Zeiß begann nach dem Besuch des Weimarer Gymnasiums 1834 als Lehrling in der Werkstatt des Jenaer Universitätsmechanikers Dr. Friedrich Körner, der zugleich großherzoglich sächsischer Hofmechanicus war und bereits mechanische und optische Instrumente für Goethe angefertigt hatte [10]. Hier wie auch während seiner Wanderzeit, die ihn in die bekanntesten Werkstätten Stuttgarts, Darmstadts, Wiens und Berlins führte, lernte Carl Zeiß den damals neuesten Stand mechanischer und optischer Methoden einschließlich der "Probierkünste" kennen. Auch beim Versuch Körners, optisches Glas herzustellen, durfte er helfen, ohne allerdings in alle Geheimnisse eingeweiht zu werden. Nebenbei hörte er an der Jenaer Universität Vorlesungen zur Mathematik, Experimentalphysik, Mineralogie und Optik. Ähnlich wie bei anderen optischen Werkstätten hatten auch in Jena Gelehrte der Fachgebiete Biologie und Medizin den entscheidenden Antrieb zum Aufbau und zur Vergrößerung gegeben. Zu nennen ist hier besonders der Botaniker Matthias Jacob Schleiden (1804-1881), in dessen "Laboratorium für physikalische und chemisch-physiologische Zwecke" Carl Zeiß im Jahre 1845 nach seiner Wanderschaft zunächst arbeitete. In diesem Labor lernte der junge Zeiß die Aufgaben, Forderungen und apparativen Sorgen der Biologen, Landwirte, Mediziner und Pharmazeuten kennen. Schleiden unterstützte dann schließlich die Gründung des "Mechanischen Ateliers" von Carl Zeiß im Jahre 1846 und forderte die Leistungsfähigkeit dieses Unternehmens besonders auf dem Gebiet der Mikroskopie heraus, was für seine eigenen Arbeiten zur Zellehre von Bedeutung war. Aus dem ersten "Preisverzeichnis der mikroskopischer Apparate von Carl Zeiß in Jena" von 1856 geht hervor, daß von der Werkstatt eine große Mannigfaltigkeit von Lupen, Mikroskopobjektiven (zunächst Zweilinser oder Dubletts, später Dreilinser, bis zu Vergrößerungen um 300), Okulare und Stative angeboten wurden. "Um auf den Markt zu kommen", blieb man erheblich unter den Preisen der renommiertesten Konkurrenten, z.B. von P. Voigtländer. Abb. 1 zeigt ein Zeiß-Mikroskop aus jener Zeit (1859).

Infolge seiner soliden Ausbildung in vielen Werkstätten sowie an der Jenaer Universität war sich Carl Zeiß wohl der Unzulänglichkeiten des technischen Standes im Mikroskopbau deutlich bewußt. Er schlußfolgerte, daß man nur durch solide wissenschaftliche Durcharbeitung der Konstruktion und der Produktion zu entscheidenden Fortschritten kommen könne, und forderte den jungen Jenaer Professor der Mathematik und Physik Ernst Abbe zur Mitarbeit auf. Als Vorbild mögen die Verbindungen des Mathematikers J. Petzval mit den Firmen C. Dietzler und P. Voigtländer gewirkt haben, die besonders auf dem Gebiet der Photoobjektive zu Erfolgen führten. Seit der Lehrzeit bei Körner hatte C. Zeiß außerdem eigene - nicht nur positive - Erfahrungen in der Zusammenarbeit mit dem Mathematiker F. Barfuß gesammelt.

Abb. 1. Zeiß-Mikroskop aus dem Jahre 1859

Die Kooperation zwischen C. Zeiß und E. Abbe erwies sich in der Folgezeit als bedeutender, vielseitiger und weittragender im Vergleich zu den zuvor genannten. Dies ist einerseits der großen wissenschaftlichen Begabung Abbes und seinem Blick für das technisch und ökonomisch Mögliche und Notwendige und andererseits dem auf großer Sach- und Menschenkenntnis beruhenden Vertrauen von Carl Zeiß zu seinem Partner zuzuschreiben. Wissenschaftshistorisch Interessierte seien besonders auf die Gesammelten Abhandlungen von Ernst Abbe [11] sowie auf die ausführlichen Darstellungen von M. von Rohr [9], F. Auerbach [10] und J. Wittig [13] hingewiesen.

Das Ziel war, wie F. Auerbach [9] sehr klar beschreibt, "von den Grundgesetzen der Optik ausgehend, den Gang der Lichtstrahlen durch die Linsen und Zwischenräume hindurch in allen Einzelheiten wissenschaftlich verfolgen und daraufhin zu ehernen Formeln zu gelangen suchen, aus denen mit mathematischer Gewißheit zu entnehmen wäre, welche Durchmesser, Dicken, Krümmungen und gegenseitigen Abstände man den Linsen geben müssen, um alle Fehler der Abbildung zu beseitigen oder, da dies doch wohl nicht zu erreichen sein würde, wenigstens auf ein Mindestmaß herabzudrükken. Kam dann noch eine ebenso exakte technische Ausführung hinzu, so konnte man sicher sein, mit dem fertigen Instrument keine Enttäuschung zu erleben."

Im Fernrohrbau war es J. Fraunhofer (1787-1826) bereits ein halbes Jahrhundert früher gelungen, dieses wissenschaftlich-technische Ziel partiell zu verwirklichen. Bei Photoobjektiven hatten V. Chevalier (1770-1841), Steinheil (1832-1893) und der bereits erwähnte J. Petzval (1807-1891) ähnliche Wege eingeschlagen. Das Eindringen der Wissenschaft in die Glasschleiferwerkstatt lag also in jener Zeit offensichtlich "in der Luft". Der Beginn der Zusammenarbeit des "Praktikers" Carl Zeiß mit dem

"Theoretiker" war also gar nicht das Besondere, die Besonderheit erwuchs erst im Laufe der Zeit aus der Konsequenz, mit der das Gesamtziel, nämlich gute Mikroskope zu bauen, von beiden Partnern verfolgt wurde.

In diesem Vortrag wollen wir uns besonders wichtig erscheinende Beiträge Ernst Abbes zur Optik und zum optischen Präzisionsgerätebau skizzieren, wobei wir zumeist einer inhaltlich begründeten Gliederung und Abfolge der Darlegungen vor einer chronologischen den Vorzug geben. Von einzelnen Leistungen Abbes ausgehend, werden wir jeweils wichtige weitere Entwicklungen und gegenwärtige Trends auf den entsprechenden Gebieten verfolgen und versuchen, den Einfluß dieses Pioniers der Optik auf moderne Richtungen zu untersuchen.

Wir beginnen mit einem Abschnitt über Beiträge Ernst Abbes zur optischen Meß- und Prüftechnik sowie zur Technologie des optischen Instrumentenbaues. Daß wir bei einer Abhandlung über den Einfluß des Universitätsprofessors der Mathematik und Physik, dessen Name primär mit seinen Arbeiten zur geometrischen Optik und Beugungsoptik verknüpft ist, mit der Technik beginnen, ist - wie wir sehen werden - sowohl chronologisch als auch logisch begründet. Der Einstieg Abbes in die Probleme der Produktion eröffnete ihm in besonderer Weise den Blick für alle Probleme, und er schaffte ihm das nötige Vertrauen bei Carl Zeiß sowie den Mitarbeitern der Werkstatt.

Im weiteren werden wir uns in zwei Abschnitten der mathematischen Beschreibung der optischen Abbildung und der Beugungstheorie der mikroskopischen Abbildung zuwenden.

Anschließend wollen wir, ausgehend von Abbes Überlegungen zur Farbkorrektion, zur Dispersion und zu neuen optischen Materialien, seine Zusammenarbeit mit Otto Schott und seinen Einfluß auf die Nutzung neuartiger Gläser sowie von optischen Kristallen kurz erwähnen.

Zum Abschluß gehen wir auf einige neue Arbeitsrichtungen zur Erzielung hoher räumlicher Auflösung ein.

2. Optische Meß- und Prüftechnik

> "Zu einem Physiker in der Praxis gehören zweierlei: Erstens, daß der Betreffende selbständig arbeiten und sich selbst Aufgaben stellen und die Hilfsmittel für ihre Bearbeitung sich selbst zurechtmachen könne. Zweitens: eine lebendige Fühlung mit der Praxis, die natürlich nur in einer längeren Erfahrung erworben werden kann. Man muß wissen, welche Mittel die Technik zur Verfügung hat, um das zu erreichen, was die Theorie als möglich erweist." *Ernst Abbe* 1884

Wir können nicht genau sagen, inwieweit Ernst Abbe über diese Erkenntnis zu den Aufgaben und Fähigkeiten eines Physikers in der Praxis bereits verfügte, als er 1866 durch Carl Zeiß zur Mitarbeit aufgefordert wurde, bzw. wie sich diese Ansichten im Verlaufe seiner Tätigkeit in der optischen Manufaktur und Industrie herausgebildet haben. Auf jeden Fall hat Ernst Abbe bereits während des Studiums an den Universitäten in Jena und Göttingen engen Kontakt mit den mechanischen und optischen

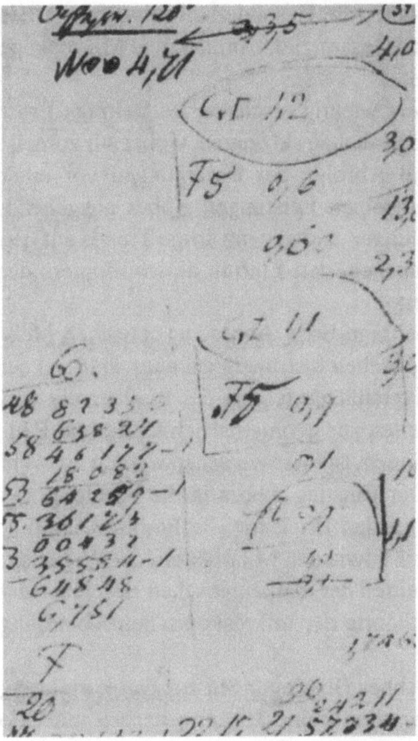

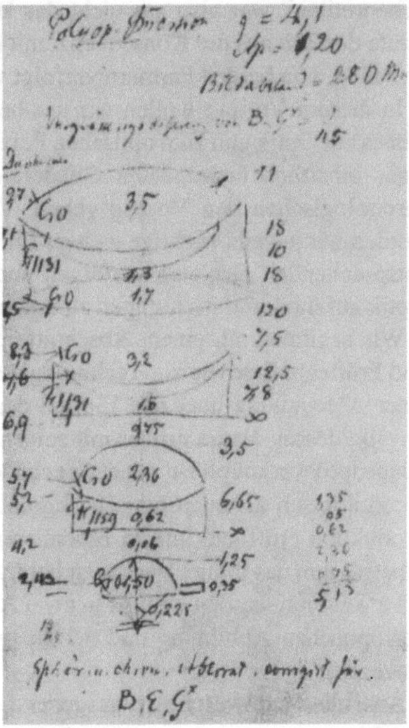

b)

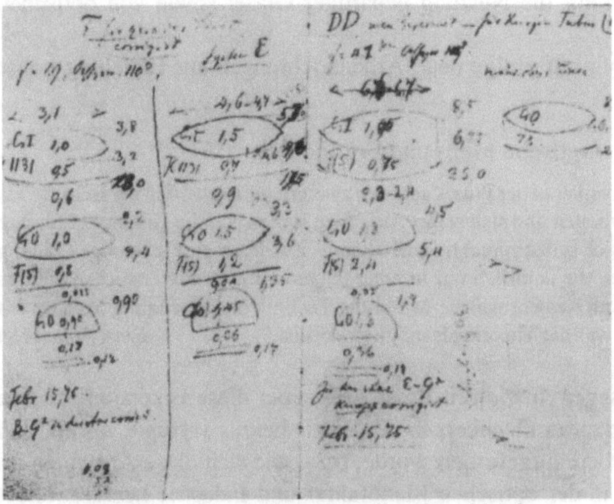

c)

a) Trockensystem F, 4.11.1871
b) Polyop-Immersions-System, 1875
c) Trockensysteme F, E und DD vom 15.2.1875

Abb. 2. Handskizzen Ernst Abbes für Mikroskopobjektive.
Alle Maße sind in mm angegeben, am Rand die Krümmungsradien der optischen Flächen, in der Mitte die Dicken bzw. Abstände der Linsen

Werkstätten dieser Städte gepflegt und kleinere Arbeiten in Auftrag gegeben. Dies setzte sich im Zusammenhang mit seinen Experimentalphysikvorlesungen am Physikalischen Verein in Frankfurt sowie beim Aufbau des physikalischen Praktikums an der Universität Jena fort, wo er "durch die Bemühungen .... für sich selbst die Hilfsmittel zu ordentlichen physikalischen Experimenten zu erlangen" hoffte.

Der Antrieb zur Entwicklung der Meß- und Prüftechnik resultierte einerseits aus der Notwendigkeit, die damalige Produktion reproduzierbarer und rationeller zu gestalten, wozu der Übergang zur Teilefertigung durch einzelne Gesellen erfolgte, und andererseits aus den wachsenden Anforderungen an die Präzision der optischen und mechanischen Komponenten infolge der Fortschritte in der später zu behandelnden Theorie.

Um eine Vorstellung von den im Prinzip schon damals bestehenden Genauigkeitsanforderungen zu erhalten, wollen wir nun doch einen kleinen Vorgriff auf theoretische Ergebnisse der konstruktiven geometrischen Optik machen. Abb. 2 zeigt drei Skizzen von Ernst Abbe für Mikroskopobjektive. Die in mm angegebenen Krümmungsradien, Linsendicken und -abstände zeigen, was von der Werkstatt verlangt wurde; Maße im Bereich unter 1/10 mm sollten ja möglichst genau eingehalten werden. Seit dieser Zeit ist die Optikfertigung zum Pfadfinder und Schrittmacher für den Präzisionsgerätebau geworden, wobei sie eben - wie weiter oben allgemein beschrieben - neben der Aufstellung von Forderungen maßgeblich zur Schaffung der adäquaten Meßtechnik beitrug.

Im folgenden geben wir kurz und ohne den Versuch, vollständig zu sein, einige Meß- und Prüfgeräte an, die auf Ernst Abbe zurückgehen und die - natürlich in weiterentwickelter und häufig stark modifizierter Form - auch heute noch das Prüflabor und die Produktionsstätten bestimmen.

Als erstes seien drei Geräte zur Messung von rein geometrischen Größen angeführt. In den Worten Ernst Abbes [9] lautet die Aufgabe folgendermaßen: "Bei den Arbeiten des Physikers tritt häufig der Fall ein, Längen von mäßiger Größe, im Spielraum von etlichen Zentimetern, genau ausmessen zu müssen, und zwar handelt es sich hierbei um die Dimensionen von Körpern mit harten Grenzflächen, welche durch Kontakt eingestellt werden können (Platten, Zylinder u.dgl.), bald um Abmessungen an Objekten, deren Grenzen nur optisch, durch Anvisieren, aufzufassen sind (Skalen, Teilungen, Gitter u.a.m.). Das Bedürfnis, für derartige Zwecke zu gebrauchende und sicher arbeitende Instrumente zur Verfügung zu haben, veranlaßte die Konstruktion der hier zu beschreibenden Meßapparate, welche die Werkstätte von Carl Zeiß in Jena schon vor längerer Zeit nach den Angaben des Vortragenden (d.h. E. Abbes, der Autor) für dessen persönlichen Gebrauch anfertigt. Die Konstruktion derselben hat folgende zwei Anforderungen zur Richtschnur genommen:

1. die Messung in allen Fällen, sowohl bei Kontakteinstellung als auch bei Visureinstellung, ausschließlich zu gründen auf eine Längenteilung, mit welcher die zu messende Strecke direkt verglichen wird;

2. den Meßapparat stets so anzuordnen, daß die zu messende Strecke die geradlinige Fortsetzung der als Maßstab dienenden Teilung bildet".

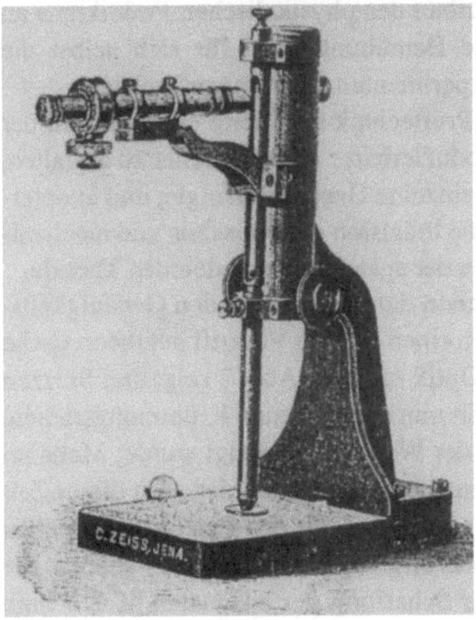

Abb. 3. Abbescher Dickenmesser

Der Dickmesser (s. Abb. 3) besteht aus einem Kontaktstift aus Achat, welcher - wie oben gefordert - genau in der Fortsetzung einer Skala liegt. Die Ablesung der Skala erfolgt mit einem Hilfsmikroskop. Der Andruck des zu messenden Körpers, der auf einer polierten Grundplatte aufliegt, kann über Rolle, Faden und Gegengewichte genau eingestellt werden. Dieser Dickmesser ist zwar seit langem nicht mehr auf dem Markt, aber das Meßprinzip findet in zahlreichen modernen Geräten Anwendung. Unter anderem basieren die Tastschnittgeräte zur Erfassung des Profils von Oberflächen auf ähnlichen Prinzipien.

Um kleine Änderungen der Dicke, z.B. durch thermische Ausdehnung, zu bestimmen, hat Ernst Abbe ein spezielles Dilatometer entworfen, das als Kernstück ein Abbe-Fizeau-Interferometer verwendet. Heute verwendet man Digitalinterferometer zur Abtastung des Profils und seiner Veränderung, u.a. während der Herstellung.

Beim Abbe-Komparator sind Maßstab und das zu messende Objekt in gleicher Höhe auf einem horizontal verschiebbaren Schlitten gelagert. Mit zwei Mikroskopen werden Objekt und Maßstab anvisiert. Nachfolger dieses Gerätes werden bis zur Gegenwart eingesetzt. Wichtiger aber noch ist die Tatsache, daß vom Abbe-Komparator wichtige Impulse zur Entwicklung von Geräten zur objektiven Ein- und Mehrkoordinatenmeßtechnik, zu sogenannten Längenmeßmaschinen ausgegangen sind [14]. Dabei kann als Maßstab sowohl eine Glasplatte mit entsprechender Skala, die optisch angetastet wird, als auch die Wellenlänge einer monochromatischen Lichtquelle dienen, mit der das Objekt über ein Interferometer, z.B. vom Michelson-Typ, verglichen wird. Selbstverständlich wird heute bei Komparatoren sowie den verschiedenartigen darauf aufbauenden Meßmaschinen zumeist objektiv über photoelektrische Strahlungsempfänger registriert und mittels Computer ausgewertet.

Zur Messung von Krümmungsradien hat Abbe einerseits die mechanisch antastenden Sphärometer weiterentwickelt und andererseits optische Prinzipien eingesetzt.

Mit diesen Geräten wurde die optische Fertigung auf eine solide Grundlage gestellt. Es wurde möglich, Genauigkeiten im Mikrometerbereich zu erzielen und heutzutage in den Nanometerbereich vorzudringen.

Schon aus den Skizzen der Abb. 1 ist ersichtlich, daß es nicht hinreichend ist, die geometrischen Abmessungen der Objektivteile zu vermessen; man muß darüber hinaus die Brechzahlen der eingesetzten Materialien möglichst genau kennen. Aus diesem Grunde hat Abbe mit größter Sorgfalt verschiedene Geräte zur Präzisionsbestimmung von Brechzahlen konzipiert und bauen lassen.

Das Abbesche Spektrometer, bei dem die zu vermessenden Materialien in Form von Prismen unter Minimalablenkung vermessen werden, zeichnet sich durch höchste Genauigkeit aus, erfordert aber eben die vorherige Bearbeitung des Materials und dies, für höchste Genauigkeit, bei großen Prismen. Flüssigkeiten können entsprechend in Hohlprismen untersucht werden, wozu aber eine verhältnismäßig große Menge der Substanz erforderlich ist. Präzisionsbestimmungen der Brechzahl werden auch heute nach dem gleichen Prinzip vorgenommen, selbstverständlich mit photoelektronischer Registrierung, wodurch man die Messungen ohne Probleme in den infraroten und ultravioletten Bereich ausdehnen konnte.

Im Abbe-Refraktometer (s. Abb. 4) wird die Brechzahl aus dem Grenzwinkel der Totalreflexion an der Grenzfläche zwischen einem hochbrechenden Glaskörper und der zu untersuchenden Flüssigkeit bestimmt. Wobei die Flüssigkeit zur Erreichung

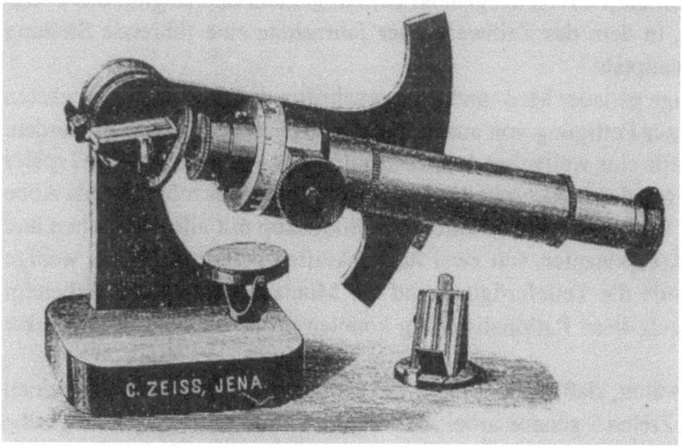

Abb. 4. Abbe-Refraktometer

eines geringen Substanzbedarfs als dünner Film zwischen zwei Prismen gebracht wird. Das erste Refraktometer wurde durch Abbe bereits 1872 auf der Versammlung deutscher Naturforscher und Ärzte vorgeführt. Die Genauigkeit kann fast so hoch getrieben werden wie beim Spektrometer. Auch das Abbe-Refraktometer kann, ausgerüstet mit Prismen aus entsprechenden Materialien und geeigneten Empfängern, außerhalb des sichtbaren Spektralbereichs verwendet werden. (Von uns [15] wurde beispielsweise ein Abbe-Refraktometer mit KRS 5-Prismen und Thermoelementen aufgebaut, das bis zu einer Wellenlänge von 40 µm verwendet werden kann).

Der Methode der Totalreflexion bedienten sich Abbe und seine Mitarbeiter auch beim Kristallrefraktometer.

Schließlich wollen wir noch das Abbesche Apertometer erwähnen, welches zur Bestimmung der numerischen Apertur von Objektiven dient, eines Parameters, der gemäß der Abbeschen Beugungstheorie letztlich das Auflösungsvermögen des Mikroskops bestimmt (vgl. Abschnitt 4.). In der Angebotsliste 22 vom Jahr 1877 finden wir:

"62. Apparat zur Messung des Öffnungswinkels der Objektive - nach Abbe. Halbkreisförmige dicke Kronglasplatte mit Reflexionsprisma, zum Auflegen auf den Tisch des Mikroskops; mit doppelter Teilung, die eine für den halben Öffnungswinkel in Luft (bei Trockenlinsen), die andere für das Produkt aus Brechungsindex und Sinus des halben Öffnungswinkels, für jedes Medium; dazu ein besonderes Objektiv für den Auszug des Mikroskoptubus. An jedem größeren Stativ mit ausziehbarem Tubus zu verwenden. Im Etui. Mark 60,-"

Mit diesen und weiteren Instrumenten erreichte Ernst Abbe in der Zeißschen Werkstatt zwei Effekte:

1. Die Übereinstimmung zwischen Konstruktion und körperlicher Realisierung des Instruments wurde wesentlich verbessert. Dies bedeutete nicht nur in der Mikroskopfertigung, sondern davon ausgehend bald allgemein den Beginn des Präzisionsgerätebaus, in dem das Zeißwerk über Jahrzehnte eine führende Stellung eroberte und behauptete.
2. Auf der Grundlage genauer Meß- und Prüfvorschriften konnte auch bei höchsten Anforderungen zur Fertigung von austauschbaren Teilen übergegangen werden. Erst dadurch wurde eine weitgehende Arbeitsteilung im Mikroskopbau und später in anderen Zweigen des wissenschaftlichen Instrumentenbaus möglich. Als Abbe in die Zeißsche Werkstatt eintrat, wurde ein Mikroskop mit allen optischen und mechanischen Komponenten von zwei Arbeitskräften gefertigt. Bereits wenige Jahre später wurde die Teilefertigung und die Montage unter 10-20 Arbeitern verteilt. Erst durch diese Rationalisierung konnten große ökonomische Effekte erzielt werden.

Am Rande sei erwähnt, daß Abbe - nicht zuletzt im Zusammenhang mit seinen sozialökonomischen Zielen - genaue arbeitsökonomische und arbeitspsychologische Studien durchführte, aus denen er Schlußfolgerungen für Arbeitsaufteilung, Pausen, Gesamtarbeitszeit etc. zog; u.a. begründete er die These, derzufolge es unökonomisch ist, in einer modernen, rationalisierten Produktion die Arbeitskräfte länger als acht Stunden pro Tag zu beschäftigen.

Der "Theoretiker" Ernst Abbe bewies also innerhalb weniger Jahre, daß er in der Lage war, große technische und ökonomische Wirkungen in der Praxis zu erzielen. Ohne diesen spezifisch Abbeschen Blick für das technisch-ökonomische Gesamtziel des Unternehmens wäre die Zeißsche Werkstatt wahrscheinlich auf dem Niveau einer kleinen Manufaktur stehengeblieben oder in kurzer Zeit - wie etwa der Frauenhofersche Betrieb - trotz oder wegen zahlreicher Innovationen eingegangen.

3. Mathematische und optische Abbildung

"Es scheint aber keineswegs überflüssig, diese Scheidung dessen, was schon aus dem allgemeinen Begriff der (optischen) Abbildungen folgt, und dessen, was erst Folge der speziellen Voraussetzungen ist, möglichst streng durchzuführen. Denn für jede verständige Anwendung einer Lehre ist die richtige Bestimmung der zureichenden und notwendigen Voraussetzungen ein wesentliches Erfordernis. Bei der üblichen Darstellungsweise wird diese Bestimmung zumindesten außer acht gelassen, wenn nicht gerade falsch getroffen. Hierdurch wird die theoretische Erörterung vieler Fragen in eine falsche Bahn gewiesen und die zutreffende Anwendung der Theorie oft genug verhindert oder erschwert. Dies gilt z.B. in bezug auf die oft diskutierten Fragen, welche die Grenzen der Leistungsfähigkeit optischer Geräte betreffen." *Ernst Abbe*

Was der Nutzer vom Mikroskop erwartet, ist ein Bild, welches einen möglichst genauen Eindruck über das Objekt vermittelt, so daß der Betrachter auf dieses Original selbst schließen kann. Ob und wieweit diese Erwartungen erfüllt werden können, wird einerseits durch sehr allgemeine mathematische Relationen über die Abbildung eines Objektraumes in einen Bildraum und andererseits durch die physikalischen Möglichkeiten zur Realisierung der mathematischen Transformation bestimmt. Zur Zeit Ernst Abbes wurden in der Literatur zur Optik die mathematischen und physikalischen Probleme unzulässig und verwirrend gemischt. Auf diesen Umstand bezieht sich das Abbesche Zitat. (Übrigens gilt das noch heute für viele Lehrbücher zur Optik.) Ernst Abbe hatte zur Bearbeitung dieses Problemkreises eine sehr gute Vorbildung. Eine solide mathematische und physikalische Ausbildung am Eisenacher Realgymnasium, die Vorlesungen an der Jenaer Universität (1857-1859) zur Algebraischen Analysis (H. Schaeffer), Analytischen Geometrie (K. Snell), zur Differentialrechnung und Geometrie (K. Snell), Analytischen Optik (K. Snell) sowie zur Kristallographie boten die Grundlage, auf der er in Göttingen, wo er u.a. Analytische Mechanik, Bestimmte Integrale und Variationsrechnung bei M. Stern, Experimentalphysik bei Weber, Elliptische Funktionen, Partielle Differentialgleichungen und ihre Anwendung in der theoretischen Physik sowie Theorie der Schwere, der Elektrizität und des Magnetismus, bei B. Riemann, Zahlentheorie, Kreisteilungsfunktionen und Mathematische Astronomie bei E. Schering und schließlich Optik bei J.B. Listing hörte. Hatte Ernst Abbe beim

Eintritt in die Jenaer Universität bereits überschwenglich geschrieben: "Des neuen Lebens erster Tag bricht an!", so wußte er das hohe Niveau der Göttinger Mathematik und Physik besonders zu schätzen, was er wiederholt in seinen Briefen zum Ausdruck brachte [16]. (In Klammern möchte ich allerdings anfügen, daß auch damals die Studenten ihre Hochschullehrer nicht ohne Kritik sahen. Ernst Abbe schreibt an einen Freund: "Sterns Kolleg ist gar nicht übel. Damit will ich nun zwar nicht sagen, daß nun etwa Stern auf einmal ein genialer Mathematiker geworden sei, was er gewiß nie gewesen ist, sondern nur, daß der Gegenstand eine Sternsche Behandlung verträgt, ohne gar zu sehr darunter zu leiden. Denn in der Tat, die Theorie der Zahlengleichungen ist gerade so philiströs wie Stern selbst, und deshalb harmonieren beide ganz gut miteinander." Um übrigens Stern Gerechtigkeit widerfahren zu lassen, muß man beachten, daß Abbe ihn oft mit dem genialen Riemann verglich.)

Für Abbes Zukunft war es von besonderer Bedeutung, daß er hier mit der Gaußschen Kollineation bekannt wurde, die die adäquate mathematische Formulierung für das eingangs genannte Problem darstellt.

Die Gaußsche Kollineation beschreibt eine ideale Punktabbildung eines Objektraumes R auf einem Bildraum R', d.h. Ebenen, Geraden und Punkte in R werden auf jeweils ebensolche Gebilde in R' abgebildet; nacheinander ausgeführte kollineare Abbildungen ergeben wieder eine Kollineation, zu jeder kollinearen Abbildung existiert eine reziproke Transformation, wodurch man aus dem Bild eindeutig auf das Objekt zurückschließen kann. Verkürzt kann man sagen, die Gaußsche Kollineation ist der Wunschtraum des Mikroskopikers und jedes Optikers.

Die Gaußsche Kollineation ist durch die Beziehung

$$\xi_i = G_i / G_o \qquad (i=1, 2, 3) \qquad \text{(1a)}$$

mit

$$G_i = a_{ij} \ \xi_j + c_i \qquad \text{(1b)}$$

zwischen den Koordinaten ξ_i und d ξ'_i des Objekt- bzw. Bildraumes bestimmt, wobei die a_{ij} und c_i freie Parameter der Abbildung darstellen. Aus (1) ist sofort ersichtlich, daß jeder Ebene im Bildraum eine Ebene im Objektraum entspricht, woraus Analoges für Geraden als Schnitte von Ebenen und Punkte als Schnitte von Geraden folgt. Damit ist im Prinzip schon alles über den ersten Teil der Abbeschen Aufgabe gesagt.

Für den Spezialfall einer zentrierten Kollineation folgen aus den allgemeinen Abbildungsgleichungen (1) noch einfachere und anschaulichere Beziehungen (s. Abb. 5). Dabei gibt es folgende ausgezeichnete Ebenen:

- die Brennebene im Bildraum mit dem Brennpunkt F', die aus der unendlich fernen Objektebene hervorgeht;
- die Brennebene im Objektraum mit dem Brennpunkt F, die auf die unendlich ferne Ebene im Bildraum abgebildet wird.

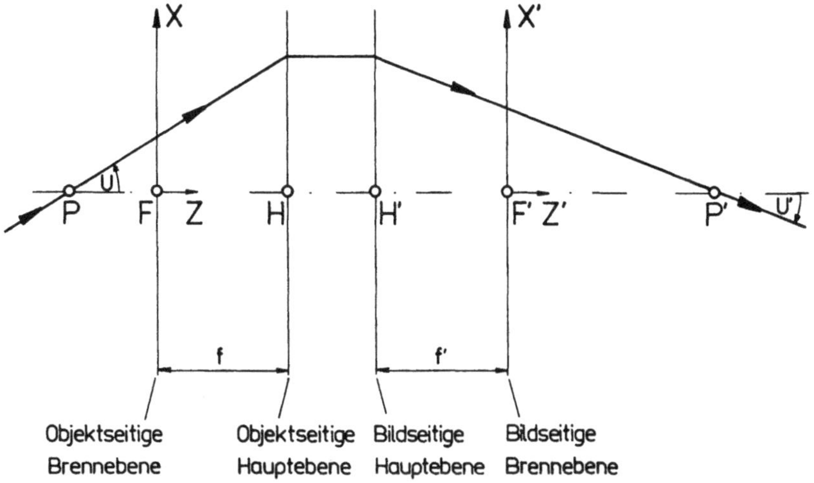

Abb. 5. Schematische Darstellung einer zentrierten Abbildung, deren symmetrieachse identisch mit derZ- bzw. Z' -Achse im Objekt- bzw. Bildraum ist. Dargestellt ist die X, Z-Ebene bzw. X', Z'-Ebene. Die Brennebenen bzw. Hauptebenen stehen senkrecht auf der X, Z- bzw. X', Z'-Ebene, sie werden von der Symmetrieachse in den Punkten F, F', H, H' getroffen. P stellt einen Achsenpunkt dar, der in P' abgebildet wird. Der eingezeichnete Abbildungsstrahl bildet mit der Z- bzw. Z'-Achse den Winkel u bzw. u'.

In Koordinaten X, Z bzw. X',Z', die an den Brennpunkten beginnen, lauten die Abbildungsgleichungen

$$ZZ' = ff' \quad \text{und} \tag{2a}$$

$$X'/X = -f/Z = -Z'/f', \tag{2b}$$

wobei f und f' Abbildungsparameter sind, die sich für den Spezialfall der zentrierten Abbildung eindeutig aus dem allgemeineren Parametersatz der a_{ij}, c_i ergeben und die man als objekt- bzw. bildseitige Brennweite bezeichnet. Die Größe X'/X wird Seitenvergrößerung genannt. Für das Produkt aus der für ein bestimmtes konjugiertes Ebenenpaar geltenden Seitenvergrößerung X'/X und der Winkelvergrößerung tan u'/tan u (u' und u sind die Winkel zwischen den objekt- bzw. bildseitigen Strahlen und der optischen Achse) folgt aus den Abbildungsgleichungen unmittelbar (vgl. Abb. 5).

$$\frac{X'}{X} \cdot \frac{\tan u'}{\tan u} = - \frac{f}{f'} = const. \tag{3}$$

Es sei hier nochmals hervorgehoben, daß die Seitenvergrößerung zwar für ein Ebenenpaar konstant ist, aber von Paar zu Paar variiert, d.h. das Objekt wird nur jeweils bezüglich dieser Ebenen ähnlich (verzerrungsfrei oder orthoskopisch) abgebildet.

- Die Ebenen $Z = -f$ und $Z' = -f'$, die mit der Seitenvergrößerung 1 aufeinander abgebildet werden, bezeichnet man als objekt- bzw. bildseitige Hauptebene.

Für die spezielle Parameterwahl $-f = f'$ folgt aus Gl. (2)

$$1/g + 1/b = 1/f', \tag{4}$$

wobei g und b die Gegenstands- bzw. Bildweite (gezählt von der jeweiligen Hauptebene) bezeichnen. Weil (4) oft (ungerechtfertigt) einschränkend als Abbildungsgleichung dünner Linsen bezeichnet wird, sei nochmals hervorgehoben, daß (1) - (3) strenge Beziehungen im Rahmen der Kollineation sind. Noch haben wir ja gar nicht über physikalische (optische) Realisierungen gesprochen.

Diese Realisierbarkeit wollen wir nun diskutieren. Leider gibt es nur eine ideale Realisierung der Gaußschen Kollineation, die Abbildung am ebenen Spiegel, die aber - zumindest für unsere Zwecke - nicht besonders interessant ist, weil sie keine Vergrößerung verschieden von 1 liefert. Das heißt, wir müssen uns, so geschickt wir auch die vergrößernden optischen Systeme gestalten, mit näherungsweisen Verwirklichungen Gaußscher Kollineationen begnügen. Schon Gauß hat untersucht, unter welchen Voraussetzungen die Brechung (bzw. Reflexion) an einer Kugelfläche, deren Mittelpunkt auf der optischen Achse liegt, näherungsweise zur Kollineation führt. Diese Voraussetzungen lauten allgemein:

- nur achsennahe Punkte werden abgebildet ($X/f, X'/f' \ll 1$),
- die Abbildung erfolgt durch enge Bündel ($u, u' \ll 1$).

Jedes Linsen- oder Spiegelsystem läßt sich durch eine Folge von Reflexionen bzw. Brechungen an gekrümmten Flächen beschreiben und demgemäß unter den genannten Voraussetzungen durch eine Folge von Gaußschen Kollineationen bzw. die aus ihnen resultierende Kollineation darstellen.

Ernst Abbe [17] hat sich sofort nach seinem Eintritt in die Zeißsche Werkstatt sehr intensiv mit verschiedenen Problemen der geometrischen Optik gefaßt, allgemeine Berechnungsschemata entworfen und dabei unter anderem die Frage untersucht, welche Bedingungen man erfüllen muß, um achsennahe Punkte einer Objektebene bzw. ein kleines, zur Achse senkrecht stehendes Flächenelement mit Bündeln großer Öffnung möglichst "getreu" abzubilden, d.h., er versuchte, hinsichtlich der Bündelöffnung die Gaußschen Voraussetzungen abzuschwächen. Eine solche (aberrations- und komafreie) Abbildung mit weiten Bündeln bezeichnet man als aplanatisch. Dabei fand Abbe (unabhängig von Clausius, der ähnliche Untersuchungen schon früher durchgeführt hatte) die Aplanasie-Bedingung.

$$\frac{X'}{X} \cdot \frac{\sin u'}{\sin u} = - \frac{f}{f'} \qquad (5)$$

für Seitenvergrößerung und das Verhältnis der Sinus des bildseitigen und objektseitigen Winkels zwischen Strahl und optischer Achse. Der Vergleich mit (3) zeigt, daß beide Beziehungen nur für kleine Winkel miteinander verträglich sind. (Es sei übrigens bemerkt, daß die Sinusbedingung kein hinreichendes Kriterium für die Invarianz des Punktbildes in Achsennähe darstellt [18].) Eine aplanatische Abbildung kann also nicht für den gesamten Raum gesichert werden. Dagegen kann man mit geeigneten Systemen hinreichende Aplanasie in bestimmten kleinen Bereichen erzielen [11]. Diese kurzen Bemerkungen zur Abbildung mit weiten Bündeln und zur Abbeschen Sinusbedingung wurden bereits in diesen Abschnitt eingefügt, weil sie zum Themenkreis der Abbeschen Arbeiten zur geometrischen Optik gehören, obwohl sie für ihn erst im Zusammenhang mit seinen Arbeiten über die Wellentheorie der mikroskopischen Auflösung größere Bedeutung erlangten (vgl. Abschnitt 3). Übrigens bewies Ernst Abbe gerade bei der Nachprüfung der Bedeutung der von ihm aufgefundenen Sinusbedingung erneut seine Konsequenz in der Verbindung von Theorie und Praxis. Lassen wir ihn selbst bezüglich der aplanatischen Korrektion von Mikroskopobjektiven zu Wort kommen:

"Eine auf diesem Wege ausgeführte Prüfung der verschiedenartigsten, in Händen der Mikroskopiker befindlichen Mikroskopobjektive ergibt - wie ich durch zahlreiche Proben konstatiert habe - das bemerkenswerte Resultat, daß alle solchen Systeme, welchen Ursprungs sie auch sein und wie verschieden sich ihre sonstigen Eigenschaften zeigen mögen, ganz übereinstimmend die der Theorie entsprechende anorthoskopische Abbildungserscheinung darbieten, demnach ganz übereinstimmend das oben angeführte spezifische Konvergenzverhältnis aplanatischer Punkte an den Tag legen, obschon die Größe der bei diesen Systemen vorkommenden Öffnungswinkel den allermannigfaltigsten Abweichungen reichlichen Spielraum offenließe. Die zu behandelnden Abweichungen beschränken sich überall auf ganz unbedeutende, kaum bemerkbare Irregularitäten, welche die Bilder der entfernten und stark gekrümmten Hyperbeln der oben beschriebenen Probefigur gelegentlich zeigen. (E. Abbe hatte spezielle Teststrukturen zur Untersuchung der Objektive entworfen, die er hier beschreibt; der Autor.) Nun existiert aber bis jetzt schwerlich ein Mikroskopobjektiv außer den hier in Jena in der Zeissischen Werkstatt angefertigten, bei dessen Konstruktion der Verfertiger in bewußter Weise die in Rede stehende zweite Bedingung des Aplanatismus (gemeint ist die Sinusbedingung; der Autor) zur Richtschnur genommen hat. Wenn trotzdem die Objektive aller Optiker auf dem Kontinent, in England und in Amerika dieser Bedingung genügen, so beweist dieses Faktum überzeugender, als alle Theorie vermöchte, daß die fragliche Art der Strahlenkonvergenz einen unbedingt wesentlichen Bestandteil des Aplanatismus eines Linsensystems ausmacht, einen so unentbehrlichen, daß, sobald erhebliche Öffnungswinkel in Verwendung kommen, der praktische Gebrauch alle Konstruktionen von selbst als unbrauchbar verwerfen muß, welche die von der Theorie geforderte Eigenschaft nicht wenigstens in annähernder Vollkommenheit erlangt haben. - Was oben über die praktischen Folgen eines fehlerhaften Konvergenzverhältnisses gesagt ist, bezeichnet den Weg, auf welchem die Praxis bei dieser Art von Konstruktionen zur unbewußten Realisierung eines richtigen Aplanatismus geführt worden ist, längst bevor die Theorie dessen Bedingungen erschöpfend gekannt hat. Ein Objektiv mit merklichem Konvergenzfehler mußte, in der Ausdrucksweise der Mikroskopiker zu reden, stets mit dieser so groben 'Wölbung des Sehfeldes' behaftet erscheinen, nämlich außerhalb der Achse so schlechte Bilder ergeben, daß niemand es hätte brauchen mögen. Indem aber die Optiker sich bemühen mußten, trotz immer fortschreitender Vergrößerung der zur Anwendung kommenden Öffnungswinkel möglichst 'flaches Feld' zu erhalten, ergab sich eine weitgehende Anpassung der Konstruktionen an die theoretischen Erfordernisse des vollkommenen Aplanatismus als gesuchte Folge."

Kehren wir zum Beginn der Abbeschen Arbeiten in der Zeißschen Werkstatt zurück.

In konsequenter Verfolgung der Gaußschen (Listingschen) Gedanken sowie eigener Überlegungen und Rechnungen, die im allgemeinen Falle die Unvereinbarkeit von Orthoskopie und Aplanasie zeigten, ließ Abbe zunächst Mikroskope mit sehr kleiner Öffnung bauen. Die Vereinigung der vom Objektpunkt ausgehenden Strahlen im Bildraum wurde dadurch erwartungsgemäß gegenüber anderen Typen verbessert. Aber zugleich wurden die Bilder "flau", zeigten nur schwache Kontraste, und feinere Strukturen gingen verloren. Diese Experimente, mit zahlreichen Wiederholungen und Modifikationen durchgeführt, waren zeitaufwendig und teuer. Sie drohten die Zeißsche Werkstatt zu ruinieren. Es spricht für Durchstehvermögen und Tatkraft der beiden Partner und besonders für das große Vertrauen von Zeiß in die Fähigkeiten Abbes, daß zu jener Zeit die Versuche nicht abgebrochen wurden, um wieder zum alten Probierstil zurückzukehren. Schließlich zeigte es sich, wie wichtig es für Abbe gewesen war, nicht nur zu rechnen, sondern selbst gründlich zu experimentieren und zu beobachten. Bei diesen Experimenten stellte er, wenn er das Okular herausnahm, fest, daß das Licht auch räumliche Bereiche ausfüllte, in die es nach den Gesetzen der geometrischen Optik gar nicht eindringen durfte. Diese Beobachtungen führten Ernst Abbe die Notwendigkeit vor Augen, eine Wellentheorie der mikroskopischen Abbildung zu schaffen und dabei die Lichtbeugung an den feinen Strukturen des Objektes in den Mittelpunkt zu stellen.

4. Beugungstheorie der mikroskopischen Abbildung

"Worauf beruht es, daß ein großer Öffnungswinkel vollkommenere Bilder und feinere Details liefert als ein kleiner ...?" *Ernst Abbe* 1880

Ernst Abbe untersuchte die Abbildung von feinen Strichgittern. Dies ist keine wesentliche Einschränkung der Allgemeinheit, denn man kann sich jedes physikalische Objekt als eine Überlagerung von Gittern aufbauen. Abb. 6 zeigt ein solches feines Gitter, das von einer ebenen Welle (kohärent!) beleuchtet wird. Von den einzelnen Gitterelementen gehen nach C. Huygens (1629-1695) sekundäre Wellen aus, die miteinander interferieren und sich dadurch an bestimmten Stellen gegenseitig verstärken, an anderen auslöschen. An dieser Stelle sei bemerkt, daß C. Huygens seine berühmte Theorie zur Lichtausbreitung im Jahre 1690, also vor 300 Jahren, der Öffentlichkeit vorstellte. In großer Entfernung vom Gitter gibt es Richtungen maximaler und minimaler Intensität, wobei die Richtung α_k des Maximums k-ter Ordnung durch die Beziehung

$$d \sin \alpha_k = \frac{k\lambda}{d} \qquad (6)$$

mit der Gitterkonstanten d und der Wellenlänge λ verknüpft ist. Hinter dem Gitter können wir im Fernfeld ungebeugtes Licht (nullter Ordnung) sowie in verschiedene Richtungen abgebeugtes Licht beobachten. Das ungebeugte Licht enthält keine Information über das Objekt; es tritt ja durch dieses hindurch, ohne beeinflußt zu werden. In dieser Richtung erscheint auch dann Strahlung, wenn wir das Objekt entfernen (s. Abb. 6b)). Die Information über das Gitter (allgemeiner über das Objekt) steckt also offensichtlich in dem abgebeugten Licht der verschiedenen Ordnungen. Vom Mikroskop brauchen wir nun nur die Wirkung des Objektivs zu betrachten; es wird sich als das für die Auflösung entscheidende Bauteil erweisen. In der Brennebene des Objektivs wird zunächst das Licht jeweils einer Beugungsordnung in einem Punkt vereinigt. In der Brennebene des Objektivs erhalten wir gewissermaßen eine Darstellung des Fernfeldes. Dabei wird bei dem in Abb. 6 skizzierten senkrechten Einfall der Anregungswelle auf das Gitter das in die nullte Ordnung gebeugte Licht im Brennpunkt vereinigt. Rechts und links davon liegen die +1. (s. Abb. 6c)) und -1. Ordnung, +2. und -2. Ordnung usw. Man kann diesen ersten Teil der Wirkung des Objektivs auch folgendermaßen interpretieren: Das Objektiv bildet die unendlich ferne Lichtquelle, die die ebene Anregungswelle hervorruft, in den Brennpunkt ab; ohne Objekt entsteht nur dieses eine Bild; die Beugung am Objekt bewirkt, daß mehrere Bilder der Lichtquelle in der Brennebene entstehen.

Infolge der Art ihrer Entstehung haben die verschiedenen Bilder der Lichtquelle in der Brennebene bestimmte Phasenbeziehungen zueinander, und das Licht, welches von ihnen ausgeht, ist weiterhin interferenzfähig; es breitet sich, von der Brennebene kommend, aus und trägt in der (bereits durch geometrisch-optische Überlegungen

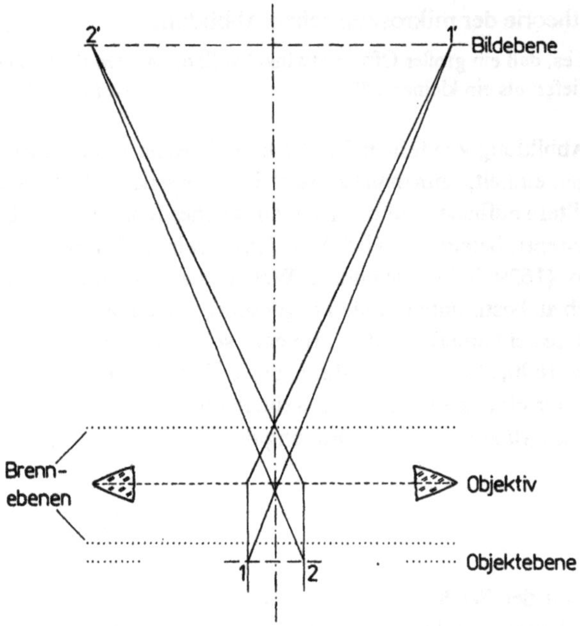
2'
1'
Bildebene
Brenn-
ebenen
Objektiv
Objektebene
1
2

Abb. 6a

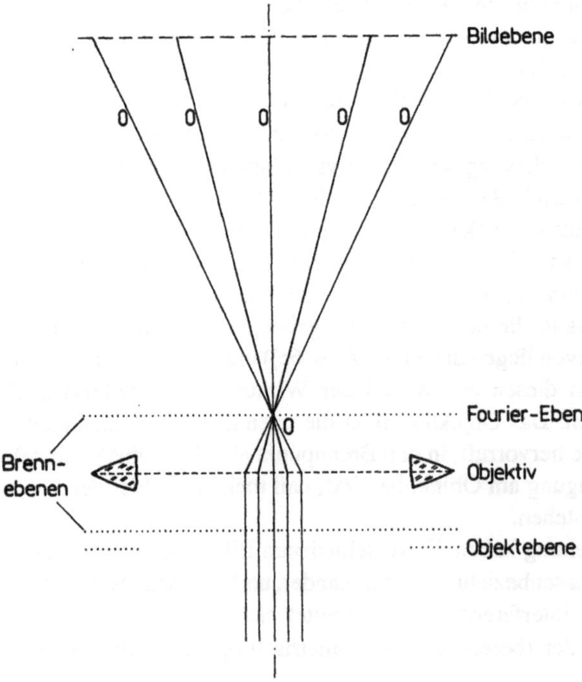
Bildebene
0
0
0
0
0
Fourier-Ebene
0
Brenn-
ebenen
Objektiv
Objektebene

Abb. 6b

Abb. 6c

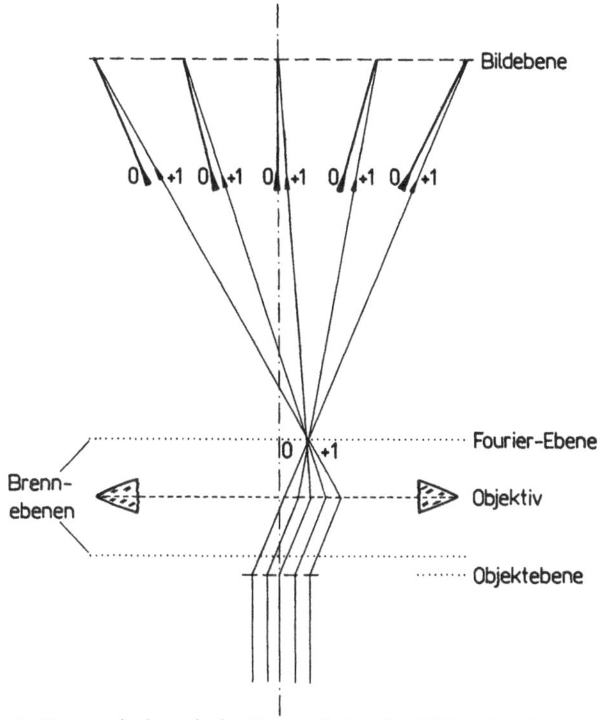

Abb. 6. Entstehung der mikroskopischen Abbildung durch Beugung an einem Gitter als Objekt. Dargestellt ist die Wirkung des Objektivs.

a) Geometrisch-optische Konstruktion des Bildes. Punkte 1 und 2 des Objektgitters, das sich kurz vor der objektseitigen Brennebene des Objektivs befindet, werden in die Punkte 1' bzw. 2' der Bildebene abgebildet.

b) Abbildung der unendlich fernen Lichtquelle, die eine ebene Welle zur Objektebene strahlt, in die bildseitige Brennebene (Fourier-Ebene). Dargestellt sind einige Wellennormalen. Ohne Objekt entsteht nur dieses ("punktförmige") Bild der Lichtquelle. Die von dieser Quelle ausgehenden Wellen führen zu einer gleichmäßigen (unstrukturierten) Beleuchtung der Bildebene. Wenn das Objekt (Gitter) in die Objektebene gebracht wird, bleibt diese Bild der Lichtquelle als sogenanntes Beugungsmaximum nullter Ordnung erhalten, wobei seine Intensität zurückgeht, weil infolge der Beugung am Objekt weitere Bilder der Lichtquelle entstehen. Dieses Bild der Lichtquelle wird also durch das (vom Objekt) ungebeugte Licht aufgebaut.

c) Entstehung des Beugungsmaximums erster Ordnung in der bildseitigen Brennebene als "zusätzliches Bild" der Beleuchtungsquelle. Von diesem Bild laufen Wellen zur Bildebene, wo sie sich mit ungebeugter Strahlung (vom Beugungsmaximum nullter Ordnung, vgl. b)) überlagern. Um die Übersichtlichkeit zu wahren, wurden das Maximum nullter Ordnung und die zugehörigen Wellen bzw. Wellennormalen hier nicht voll eingezeichnet, sondern nur die Teile der Wellennormalen unmittelbar vor der Bildebene. Außerdem wurden alle weiteren Beugungsordnungen (-1, +2, +3...) weggelassen. Aus dieser Abbildung ist ersichtlich, daß bereits durch Überlagerung des in die erste Ordnung abgebeugten Lichtes mit dem ungebeugten Licht ein Bild des Objektes in der Bildebene entsteht. In der bildseitigen Brennebene liegt die Bildinformation in (Fourier-) transformierter Form vor.

bestimmten) Bildebene (s. Abb. 6a)) zum Aufbau des Gitterbildes bei. Dabei entsteht ein getreues Abbild des Objekts nur dann, wenn alle Beugungsordnungen bis zu einem großen k_{max} ($k_{max} > 1$) zur Bildentstehung beitragen. Im anderen Grenzfall, in dem nur das Maximum nullter Ordnung hindurchgelassen wird, entsteht, wie wir schon weiter oben bemerkten, überhaupt kein Bild. Damit können wir sofort erkennen, wodurch die Begrenzung des Auflösungsvermögens im Mikroskop bedingt ist. Nach (6) sind die Beugungswinkel um so größer, je feiner das Objektgitter ist. Das bedeutet aber, daß bei feinen Gittern die höheren Beugungsordnungen am Objektiv vorbeigehen und somit nicht zur Bildentstehung beitragen können; dadurch gehen Kontrast und Details verloren, das Bild wird "flau". Wenn schließlich für ein noch feineres Gitter selbst die beiden Maxima 1. Ordnung nicht mehr verarbeitet werden, entsteht überhaupt kein Bild. Nach (6) beträgt die kleinste an dieser Grenze gerade noch auflösbare Gitterkonstante

$$d'_{min} = \frac{\lambda}{\sin \alpha_{Ob}} \tag{7}$$

wobei α_{Ob} der halbe Öffnungswinkel des Objektivs ist. Man kann die Auflösung durch zwei Maßnahmen weiter steigern. Einmal kann man zwischen Objekt und Objektiv ein Material mit einer Brechzahl $n>1$ (eine sogenannte Immersionsflüssigkeit) bringen, wodurch die Beugungswinkel nach dem Brechungsgesetz kleiner werden. Dies bedeutet eine Ersetzung von sin α_{Ob} durch (n sin α_{Ob}); diese Größe wird als numerische Apertur bezeichnet. Zum anderen kann man von der zentrischen Beleuchtung abgehen. Bei schiefer Beleuchtung erhält man die höchstmögliche Auflösung gerade dann, wenn das Maximum nullter Ordnung gerade noch auf der einen Seite in das Objektiv gelangt und eines der Maxima erster Ordnung auf der anderen Seite. Damit ergibt sich

$$d_{min} = \frac{\lambda}{2n \sin \alpha_{Ob}} \tag{7'}$$

für die minimal auflösbare Strukturbreite. Diese Beziehung findet man übrigens als Autograph Abbes auf einem ihm gewidmeten Denkmal in der Goetheallee in Jena.

Um den Bildentstehungsmechanismus durch Beugung genauer zu verstehen, hat Ernst Abbe Eingriffe in der Fokalebene (allgemeiner in der Ebene, in die die Lichtquelle abgebildet wird) vorgenommen. Das Abdecken der außen liegenden Beugungsordnungen führte, wie erwartet, zu sinkendem Kontrast. Bleibt nur das Maximum nullter Ordnung, so erscheint ein gleichförmig unstrukturiertes Bild. Deckt man bei einem Gitter als Objekt alle ungeradzahligen Beugungsordnungen ab, so erscheint im Bild ein Gitter mit der doppelten Strichzahl pro Längeneinheit, da dieses ja gemäß (6) das Licht gerade in diese Richtungen beugen würde. Ernst Abbe erkannte so, daß man den Abbildungsvorgang in dieser Ebene besonders gut manipulieren kann. Eine genauere

Analyse des Beugungsvorgangs zeigt, daß in dieser Ebene die Fourier-Transformierte des Objekts entsteht, soweit man Abbildungsfehler vernachlässigen kann. Der folgende Schritt der Abbildung von der Fokalebene in die Bildebene besteht in einer erneuten Fourier-Transformation, die - unter Vernachlässigung von Beugungsbegrenzung und Abbildungsfehlern - zu einem mit dem Objekt identischen Bild führt. Ernst Abbe erkannte die Möglichkeit zum Eingriff in die Fourier-Transformierte und untersuchte den Einfluß auf das rücktransformierte Signal. Damit erreichte er ein grundsätzlich neues Verständnis über die Bildentstehung bei optischen Instrumenten. Damit wurden u.a. zwei sehr bedeutende spätere Entwicklungen induziert.

Zum einen liegt es nahe, in der Fourier-Ebene nicht nur die Amplitude (etwa durch Abdeckung oder durch Transmissionsfilter) der Felder zu manipulieren, sondern auch deren Phase. F. Zernike (1888-1966) erkannte in Weiterführung der Abbeschen Gedanken und Experimente, daß man mittels solcher Eingriffe auch reine Phasenobjekte sichtbar machen kann. Man braucht beispielsweise nur die Phase des in die nullte Ordnung gebeugten Lichtes zu verändern; dies bewirkt bereits eine Veränderung in der Interferenz der Wellen aus den verschiedenen Ordnungen, die in der Bildebene das Signal aufbauen. Damit entsteht aus dem Phasenobjekt ein Amplitudenbild, dessen Informationsgehalt unserem Auge zugänglich ist. Mit diesem Phasenkontrastverfahren können insbesondere biologische Phasenpräparate, ohne die oft störenden Anfärbungstechniken in Anspruch nehmen zu müssen, in einfacher Weise untersucht werden. Man muß sich selbstverständlich bei der Bildanalyse stets des künstlichen Eingriffes bewußt sein.

Zum anderen knüpft die Holographie unmittelbar an die Abbeschen Erkenntnisse an. D. Gabor [19], der Schöpfer der Holographie, wendete zunächst diese Gedanken zur Verbesserung der elektronenoptischen Abbildung an, wobei es in erster Linie um die Zumischung eines kohärenten Elektronenbündels zu dem durch das Objekt modifizierten Bündel ging, um die gesamte Information über Amplituden und Phasen auf einer Fotoplatte speichern zu können. Aber erst die Erfindung der Laser brachte zusammen mit den Ideen von Leith und Upatnieks [20], die mittels eines schräg einfallenden Referenzstrahls eine echte Zweistrahlinterferenz verwirklichten, einen Durchbruch für holographische Methoden. Das Neue bei den holographischen Methoden gegenüber den Abbeschen Arbeiten besteht im wesentlichen darin, daß in der Holographie der "erste" und "zweite" Schritt der Abbildung durch einen Aufzeichnungsvorgang getrennt werden. Diese (infolge der Beimischung der ungestörten Welle) phasenempfindliche Aufzeichnung der Fourier-Transformierten erlaubt, das Objekt ganzheitlich zu rekonstruieren, und öffnet weitere interessante Möglichkeiten zum Eingriff in den Abbildungsvorgang durch Manipulation der Aufzeichnung und der Rekonstruktion. Dies geht so weit, daß man den Rekonstruktionsvorgang teilweise rein rechnerisch vornimmt. In Umkehrung dieser Methode kann man sich synthetische Hologramme errechnen und herstellen, aus denen die "gewünschten Bilder" durch "Rekonstruktion" entstehen. Der Einfluß der Abbeschen Arbeiten auf diese beiden Entwicklungen, die übrigens 1953 (Zernicke) bzw. 1971 (Gabor) mit dem Nobelpreis ausgezeichnet wurden, wird in [21] eingehender betrachtet.

Schon diese Beispiele mögen verdeutlichen, daß die Arbeiten Ernst Abbes bis zu aktuellen Arbeiten und Problemen führen.

5. Neue optische Materialien

> "Es ist nicht schwer, den letzten Grund bestimmt anzugeben, aus welchem dieser Mangel entspringt. Die Unmöglichkeit, jene chromatischen Differenzen der sphärischen Aberration zu beseitigen, wurzelt in dem Umstand, daß bei den heute vorliegenden Glasarten, Krongläsern und Flintgläsern, die Dispersion mit dem mittleren Brechungsindex immer Hand in Hand geht, in der Art, daß dem höheren Index (bis auf ganz geringe Abweichungen) auch stets die höhere Dispersion zugehört, und umgekehrt. Die erwähnten Aberrationen würden vollkommen oder wenigstens annähernd zu kompensieren sein, wenn es optisch verwendbare Materialien gäbe, bei welchen ein relativ niedriger Brechungsindex mit hoher Dispersion oder ein hoher Brechungsindex mit einer relativ geringen Dispersion verbunden wäre. ... Die fernere Vervollkommnung des Mikroskops im Punkte der dioptrischen Wirkung erscheint demnach hauptsächlich auf die Fortschritte der Glasschmelzekunst gestellt und im besonderen davon abhängig, daß letztere optisch verwendbare Glasarten herstellt, bei denen der Gang der Farbenverstreuung einer Aufhebung des sogenannten sekundären Spektrums günstiger ist und bei welcher Dispersion und mittleren Brechungsindex ein anderes Verhältnis zueinander als bei den jetzigen Glassorten zeigen." *Ernst Abbe* 1876

Dieses Zitat zeigt, daß Ernst Abbe bemüht war, die Bildfehler der Mikroskopobjektive so weit wie nur irgend möglich zu kompensieren und daß er schließlich an materialbedingte Grenzen kam. Die Aussagen in dem Zitat gründen sich nicht auf Spekulationen, sondern auf sorgfältige Objektberechnungen unter Verwendung von "hypothetischen" Gläsern, d.h. Materialien mit günstigen dispersiven Eigenschaften.

Es sei hier bemerkt, daß die von Ernst Abbe beobachtete Gesetzmäßigkeit über den Zusammenhang zwischen Brechzahl n_D und mittlerer Dispersion $(n_D-1)/(n_F-n_C)$ (bzw. auch zwischen der sogenannten Teildispersion $(n_E-n_D)/(n_F-n_C)$ und der mittleren Dispersion; die Indizes stehen für bestimmte Spektrallinien genau bekannter Wellenlänge in der Fraunhoferschen Bezeichnung) eine Folge der fundamentalen Kramers-Kronig-Relation für Materialien mit hoher Transmission im sichtbaren Gebiet und einer sehr starken ultravioletten Absorptionsbande ist [22, 23]. Die gewünschten Abweichungen von der "Eisernen Geraden" kommen nur durch eine kompliziertere Verteilung der Absorptionsbanden im ultravioletten Spektralbereich zustande.

Außerdem wurden zwischen 1873 und 1876 in der Zeißschen Werkstatt mit beträchtlichem Aufwand einige Mikroskopobjekte als Versuchsmuster nach eben diesen Berechnungen von Abbe gebaut, in denen Flüssigkeitslinsen mit niedriger Brechzahl und

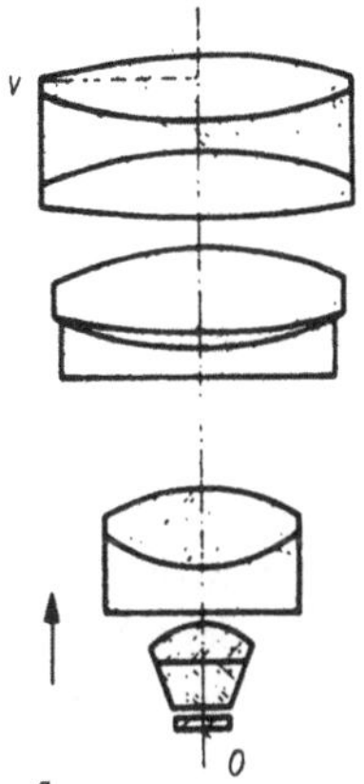

Abb. 7. Polypobjektiv von 1873. Im zweiten Teilsystem von oben erkennt man den dünnen konvex-konkaven Flüssigkeits meniskus zwischen zwei Glaslinsen.

hoher Dispersion (vgl. Zitat) zur Anwendung kamen. Eines dieser von Abbe als Polyopobjektive (vgl. auch Abb. 2) bezeichneten Systeme ist in Abb. 7 dargestellt. Man erkennt in dem zweiten Glied des Systems (von oben) eine konvex-konkave Flüssigkeitslinse zwischen Kron- und Flintlinse, die eine sammelnde Wirkung besitzt. Als Flüssigkeit diente eine Mischung aus Kassia- und Anisöl, deren Brechzahl bei den Fraunhoferschen Linien F, D und C im Abbe-Refraktometer genau bestimmt und durch Wahl des Mischungsverhältnisses eingestellt wurde. Mit solchen Objektiven konnte die chromatische Aberration für rote, grüne und violette Strahlen in der Achse sowie die sphärische Aberration für die gelben und blauen Strahlen beseitigt werden. Es gelang also, jeweils eine Farbe mehr zu korrigieren als bei den bis dahin üblichen Achromaten. Trotz dieser hohen Leistungsfähigkeit boten sich die Polyopobjektive wegen der beträchtlichen Fertigungsschwierigkeiten kaum für eine kommerzielle Verwertung an. Deshalb begann die Suche Abbes nach geeigneten festen Werkstoffen. Dabei beschritt er zwei Wege. Zum einen führte er den Flußspat, dies ist ein optisch isotroper Kristall mit niedriger Brechzahl, in die Mikroskopherstellung ein, wobei er selbst Lagerstätten erkundete und untersuchte. Es sei bemerkt, daß Flußspat noch heute wegen seiner außerordentlich günstigen dispersiven Eigenschaften in optischen Hochleistungssystemen verwendet wird, allerdings handelt es sich jetzt zumeist um synthetische Kristalle. Zum anderen holte Abbe den Glaschemiker Otto Schott nach Jena, um mit ihm neue Gläser herzustellen, zu vermessen und zu erproben. Diese Zusammenarbeit erwies sich als außerordentlich fruchtbar und zukunftsträchtig. In kurzer Zeit wurden Glasproben mit unterschiedlichen dispersiven Eigenschaften - insbesondere Phosphat- und Boratgläser anstelle der Silikatgläser - erschmolzen, und außerdem gelang es, Reproduzierbarkeit der Parameter, Homogenität, Transmission und Schlierenfreiheit aller Glastypen zu verbessern. Im Jahre 1886 legte das "Glastechnische Laboratorium", das unter Leitung von Otto Schott stand und durch Ernst Abbe gefördert worden war, sein erstes Produktionsverzeichnis mit 44 Gläsern, darunter 19 neue

Schmelzen, vor. Innerhalb weniger Jahre entwickelte sich das spätere Schott-Werk zum führenden Produzenten für optisches Glas.

Unter Verwendung der neuen kristallinen und gläsernen Werkstoffe brachte Ernst Abbe 1886 die ersten Apochromate, d.h. Mikroskopobjektive mit hoher Korrektion der chromatischen Fehler heraus. In einer Sitzung der Jenaischen Gesellschaft für Medizin und Naturwissenschaft am 9. Juli 1886 legte er die ersten wissenschaftlichen Ergebnisse vor. Bezüglich der Mikroskopentwicklung stellten die damit realisierbaren Systeme die Krönung des Abbeschen Lebenswerkes dar. Die Strahlenvereinigung für unterschiedliche Farben und die Kompensation der wichtigsten Abbildungsfehler war so gut, daß man auch für Objektive mit hoher numerischer Apertur (bis 1,6) in die Nähe der theoretischen Auflösung kam und nahezu farbenreine, getreue Bilder der Objekte erzielen konnte. Dieser Fortschritt war besonders für die sich in jenen Jahren schnell entwickelnde Bakteriologie von entscheidender Bedeutung. Außerdem sei erwähnt, daß im Zeiß-Werk bereits damals unter Verwendung der neuen Apochromate leistungsfähige Systeme für die Mikrophotographie entwickelt wurden.

Gerade die neue Serie von Apochromaten brachte Ernst Abbe die ungeteilte Anerkennung der Fachwelt. Hatten in den siebziger Jahren noch einige Konkurrenten stolz darauf verweisen, daß sie "nicht wie in Jena" nach Rechnungen, sondern nach "bewährten Erfahrungen" produzierten, so versuchten sie nun, die Abbeschen Methoden

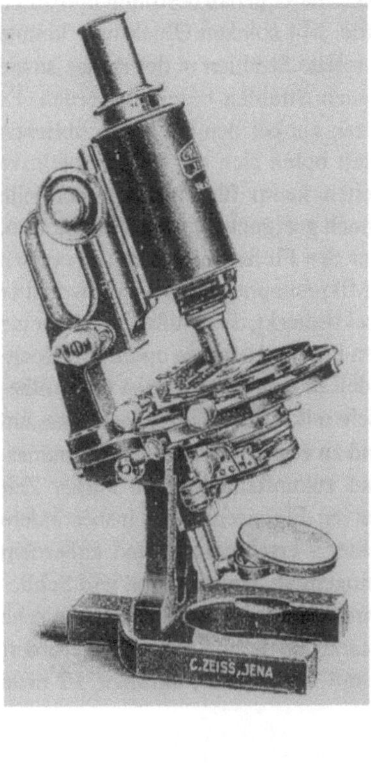

Abb. 8. Zeiß-Mikroskop aus dem letzten Jahrzehnt des 19. Jahrhunderts

schnell zu übernehmen, und gaben dies "wie in Jena gefertigt" auch in ihren Reklameschriften an. Abb. 8 zeigt ein solches ausgereiftes Mikroskop des Zeiß-Werkes aus jener Zeit. Den Betrachter des Bildes möchten wir bei dieser Gelegenheit auch einmal auf die Beleuchtungsoptik hinweisen, die bisher in unserer Betrachtung außer acht gelassen wurde, die aber für die Leistungsfähigkeit des Mikroskops von großer Bedeutung ist. Der Beitrag Abbes zur Weiterentwicklung dieser Baugruppe war so groß, daß in jener Zeit in England die mikroskopische Beleuchtungsoptik schlicht und einfach als "the Abbe" bezeichnet wurde.

Die Qualität der Abbeschen Beiträge zur Objektiventwicklung sind vielleicht auch aus dem Tatbestand ersichtlich, daß - abgesehen von Spezialentwicklungen - erst in den dreißiger Jahren unseres Jahrhunderts die von ihm entwickelten Objektive durch die Planapochromate wesentlich ergänzt [24] und noch später durch die Planapochromate ersetzt wurden [25]. Mit diesen neuen Objektiv-Typen konnte die Größe des eingeebneten Bildfeldes erheblich erhöht werden, was besonders für die quantitative Auswertung mikroskopischer Bilder entscheidend wurde. Gegenüber den Abbeschen Apochromaten konnte der Durchmesser des eingeebneten Bildfeldes etwa um den Faktor Vier erhöht werden. Innerhalb dieses Gebietes erscheinen alle Objektdetails, die sich in der gleichen Ebene befinden, gleichmäßig scharf. Dabei ging man wiederum von den von Abbe angegebenen Mitteln für apochromatische Korrektur unter Verwendung von Sondergläsern, Flußspat und Alaun aus [25].

6. Wege zu höherer räumlicher Auflösung

> "Nach allem, was im Gesichtskreis unserer heutigen Wissenschaft liegt, ist der Tragweite unseres Sehorgans durch die Natur des Lichtes selbst eine Grenze gesetzt, die mit dem Rüstzeug unserer dermaligen Naturerkenntnis nicht zu überschreiten ist. Vielleicht, daß es in Zukunft dem menschlichen Geist gelingt, sich noch Prozesse und Kräfte dienstbar zu machen, welche uns jetzt unübersteigbar erscheinen müssen. Das ist auch mein Gedanke. Nur glaube ich, daß diejenigen Werkzeuge, welche dereinst unsere Sinne in der Erforschung der letzten Elemente der Körperwelt wirksamer als die heutigen Mikroskope unterstützen, mit diesen kaum etwas anderes als den Namen gemeinsam haben werden."
>
> *Ernst Abbe* 1876

Ernst Abbe hatte mit seinen grundlegenden Arbeiten den Weg zur Ausschöpfung der Möglichkeiten des Lichtmikroskopes gewiesen und war selbst ein großes Stück auf diesem Weg gegangen. Das obige Zitat zeigt, daß der Gelehrte sich durch einen auf einem bestimmten Gebiet entdeckten Grenzzaun nicht zu der Meinung verleiten ließ, an einer prinzipiellen Grenze menschlicher Erkenntnis angekommen zu sein. Und er selbst hatte ja bereits mit seiner Formel zum Auflösungsvermögen des Lichtmikroskops (vgl. Gl. (7)) Wege zum übersteigen des Grenzzaunes bzw. zum Umgehen desselben angegeben. Bei der Begründung dieser Gleichung hatten wir ja, Abbe und Huygens folgend, nur auf die Wellennatur des Lichtes Bezug genommen, aber sonst keinerlei spezielle Eigenschaften des Lichtes in Rechnung gezogen. Die Gl. (7) ist deshalb für "Abbildungen" mit beliebigen physikalischen Wellen gültig, die an einem Objekt gebeugt werden. Hier sollen einige dieser Wege und Möglichkeiten skizziert werden.

UV-Mikroskopie

An einer ersten, vielleicht naheliegenden Erweiterung hat Ernst Abbe selbst wesentlichen Anteil gehabt: die Ausdehnung der Mikroskopie in den ultravioletten Spektralbereich. Wie wir bereits einleitend erwähnten, hat man im Verlauf der Zeit gelernt, den Begriff des Lichtes über den sichtbaren Spektralbereich hinaus auf angrenzende Gebiete anzuwenden. Die UV-Mikroskopie konnte im Zusammenhang mit der Mikrophotographie eingeführt werden und brachte infolge der kleineren Wellenlänge in der Tat eine gewisse Erhöhung des Auflösungsvermögens. Weiter in den UV-Bereich konnte man allerdings erst im Zusammenhang mit der Entwicklung von leistungsfähigen Spiegelobjektiven [26] und geeigneten photoelektrischen Empfängern eindringen.

Röntgenmikroskopie

In konsequenter Weiterverfolgung des Abbeschen Gedankens wird man - unter Beibehaltung von elektromagnetischen Wellen - zum Röntgenmikroskop geführt. Obwohl dieser Gedanke also auf der Hand liegt, konnten erste leistungsfähige Röntgenmikroskope erst in unserem Jahrzehnt verwirklicht werden.

Worin besteht die Schwierigkeit? Während man für sichtbares und ultraviolettes Licht hochbrechende sowie hochreflektierende Materialien kennt und demgemäß vielfältige Linsen- und Spiegelsysteme aufbauen kann, ist das für den Röntgenbereich nicht der Fall. Die meisten Materialien haben im Röntgengebiet eine Brechzahl n, die sich nur extrem wenig von der des Vakuums, d.h. $n = 1$, unterscheidet (die Brechzahl ist um einen geringen Betrag kleiner als 1). Dadurch ist es schwierig, refraktive Systeme aufzubauen. Die Herstellung von Spiegeln - etwa über dielektrische Vielfachschichten - bereitet ebenfalls große Probleme; allerdings wurden gerade auf diesem Gebiet in den letzten Jahren erhebliche Fortschritte erzielt. Außerdem kann die Reflexion an den Netzebenen geeigneter Kristalle ausgenutzt werden, wobei durch Krümmung derselben eine abbildende Wirkung erzielbar ist. Entscheidend für den Bau von Röntgenmikroskopen erwies sich weiterhin die Entwicklung leistungsstarker Lichtquellen, besonders im weichen Röntgengebiet. Gegenwärtig kommt im wesentlichen Synchrotronstrahlung zur Anwendung [27]. Daneben gelang es, Röntgenlicht zu verwenden, das von laserinduzierten Plasmen emittiert wird.

Infolge der Unzulänglichkeiten der Röntgenoptik gelingt es allerdings gegenwärtig noch nicht, die Beugungsgrenze zu erreichen. Mit günstigen Systemen für weiche Röntgenstrahlung werden Strukturen um 50 nm aufgelöst, was gegenüber der Mikroskopie im sichtbaren Gebiet einen gewaltigen Fortschritt darstellt, aber in der Größenordnung von etwa 10 Wellenlängen liegt.

Elektronenmikroskopie

Wegen der genannten Schwierigkeiten beim Bau von Mikroskopen für sehr kurze elektromagnetische Wellen hat man frühzeitig nach alternativen Lösungen gesucht. Mit dem Nachweis der Wellennatur von Elektronen (sowie anderen Teilchen), der, den theoretischen Arbeiten L. de Broglies folgend, C. J. Davisson und L. H. Germer sowie G. P. Thomson 1927 gelang, lag die Nutzung geladener Teilchen für hochauflösende Abbildungen nahe. Denn die Wellenlänge dieser Partikel, die unmittelbar aus der allgemeinen Beziehung für den Impuls $p = mv = h / \lambda$ mit $m = m_0 / \sqrt{1 - v^2 / c^2}$ (Ruhemasse m_0, Vakuumlichtgeschwindigkeit c, Partikelgeschwindigkeit v und Plancksche Konstante h) folgt durch die De-Broglie-Relation

$$\lambda = \frac{h}{m_0 v} \sqrt{1 - (v/c)^2} \tag{8}$$

gegeben ist, kann über die Partikelgeschwindigkeit in weiten Grenzen variiert werden. Die Partikelgeschwindigkeit wiederum wird über die Beschleunigungsspannung eingestellt.

Bereits bei einer Beschleunigungsspannung von 10^4V erhält man eine Wellenlänge von 0,01 nm, was harter Röntgenstrahlung äquivalent ist. Aus Gl. (8) ist auch sofort ersichtlich, daß man mit schweren Ionen zu noch kleineren Wellenlängen vordringen kann. Für die Abbildung können elektrische und magnetische Linsen verwendet werden. 1931, also wenige Jahre nach der Entdeckung der Wellennatur der Elektronen, baute E. Ruska [28] (Nobelpreis 1986) die ersten Elektronenmikroskope und konnte bereits viel feinere Strukturen als mit Lichtmikroskopen auflösen. Auch heute sind Elektronen- und Ionenmikroskope allen anderen abbildenden Verfahren hinsichtlich ihrer Auflösung überlegen, indem man mit 0,1 nm in die atomare Größenordnung vorgedrungen ist.

Aber auch hier wird, ähnlich wie beim Röntgenmikroskop, die Abbesche Grenze bei weitem noch nicht erreicht. Die Ursache liegt in den großen Abbildungsfehlern aller bisher realisierten Elektronenoptiken [29]. Gravierend wirkt sich bereits die sphärische Aberration aus, die ja bei den Lichtmikroskopen bereits durch Abbe hinreichend kompensiert wurde. Um ihren Einfluß gering zu halten, muß man sich auf kleine Öffnungswinkel ($\alpha \ll 1$) beschränken, wobei der Radius r_s des "Zerstreuungsscheibchens" in der Bildebene nach den Gesetzen der geometrischen Optik gemäß

$$r_S = C_S \alpha^3, \quad C_S = \text{const} \tag{9}$$

mit der dritten Potenz des Öffnungswinkels anwächst. Unter Berücksichtigung sphärischer Aberration und Beugung erhält man in der Bildebene ein Zerstreuungsscheibchen mit dem Radius

$$r_S = \sqrt{(C_S \cdot \alpha^3)^2 + (\frac{\lambda}{2\alpha})^2} \qquad (10)$$

(Dabei wurde vorausgesetzt, daß die Verteilungsfunktion der Intensität für Beugung und Bildfehler näherungsweise durch Gauß-Funktionen beschrieben werden können und daß die resultierende Funktion als Faltung dieser beiden zu beschreiben ist.) Aus (10) erhält man durch Differentiation nach α den optimalen Öffnungswinkel

$$\alpha_{opt} = A_1 \sqrt[4]{\lambda^3 / C_S} \qquad (11a)$$

und den kleinsten auflösbaren Abstand

$$d_{min} = A_2 \sqrt[4]{\lambda^3 C_S} \quad , \qquad (11b)$$

wobei A_1 und A_2 numerische Faktoren von der Größenordnung 1 sind; für Gaußsche Winkelverteilung gilt nach [29] $A_1 = 0{,}92$ und $A_2 = 0{,}78$; C_S ist gemäß (9) der Radius des Zerstreuungsscheibchens für den Öffnungswinkel 1 und liegt bei üblichen Elektronenmikroskopen in der Größenordnung von 0,1...1 mm. Für hochauflösende Systeme wird gegenwärtig versucht, diesen Wert wesentlich herabzudrücken.

Natürlich liegt die Frage nahe, warum es noch nicht wie bei der Lichtmikroskopie gelungen ist, den Fehler durch sphärische Aberration nicht nur zu verkleinern, sondern vollständig zu kompensieren. O. Scherzer [30, 31] hat grundsätzliche Untersuchungen dazu durchgeführt und kam zu dem Schluß, daß unter den Bedingungen
- Rotationssymmetrie des abbildenden Systems,
- Beschränkung auf reelle Bilder,
- Beschränkung auf zeitlich konstante Felder,
- Beschränkung auf Felder, die keine Quellen nahe der optischen Achse enthalten,

eine vollständige Kompensation der sphärischen Aberration nicht möglich ist. Bereits durch Aufgabe von einer dieser Bedingungen kann man aber, wie Scherzer zeigte, eine Kompensation erzielen. Seither sind zahlreiche Systeme (s. z.B. [29]) hinsichtlich dieser Kompensationsmöglichkeit untersucht worden. Um den Korrektionsgrad optischer Linsensysteme zu erreichen, sind aber noch weitere Verbesserungen notwendig.

Tunnelmikroskop

Ein völlig anderer Zugang zu hochauflösenden abbildenden Systemen wurde durch G. Binnig und H. Rohrer [32] (Nobelpreis 1986) gefunden. Sie verwendeten ein Rasterprinzip, wie es seit längerer Zeit bereits aus der Elektronenmikroskopie und nachfolgend auch aus der Lichtmikroskopie bekannt war, d.h., das Objekt wird nicht direkt abgebildet, sondern Punkt für Punkt in einer Ebene mit einer feinen Sonde abgetastet;

an jedem Punkt wird ein geeignetes Meßsignal, z.B. ein Strom, gemessen, und diese Meßsignale werden (mittels eines Computers) über der Rasterebene aufgetragen, wodurch sich wiederum ein "Bild" ähnlich wie beim Fernsehen ergibt. Binnig und Rohrer benutzten nun - und darin bestand das Originelle ihrer Arbeit - anstelle des feinen Elektronen- oder Lichtstrahls eine ebenso feine "Drahtspitze", d.h. eine metallische Sonde. Diese wird im Abstand von einigen Atomdurchmessern über die Probenfläche gefahren. Der Abstand wird durch Messen und Regeln des Tunnelstroms zwischen Spitze und Probenoberfläche konstant gehalten. Die Genauigkeit dieser Regelung ist sehr hoch, weil sich der Tunnelstrom exponentiell mit dem Abstand zwischen Probe und Spitze verändert. Die Meßgröße ist nun die Auf- und Abbewegung der Sonde beim Abtasten des Reliefs der Probe. Diese Auf- und Abbewegung wird als Bildsignal über der Rasterebene, die piezoelektrisch mit hoher Reproduzierbarkeit und Einstellgenauigkeit durchfahren wird, aufgetragen.

Erstaunlich ist, daß es mittels solcher Mikroskope bereits kurze Zeit nach ihrer Einführung gelang, atomare Strukturen - z.B. an Halbleiteroberflächen - aufzulösen. Die Ursache für diese hohe Auflösung besteht darin, daß die "Spitze" des Drahtes letztendlich durch ein einziges Metallatom gebildet wird, das die Meßsonde darstellt. Damit ist zugleich auch die Grenze für das Auflösungvermögen bestimmt: der Durchmesser der Elektronenhülle des Sondenatoms legt die Größenordnung der kleinsten beobachtbaren Struktur fest.

Nahfeldmikroskop - Das optische Stethoskop

In den vorangegangenen Abschnitten sahen wir, daß es vielfältige Möglichkeiten gibt, um ein höheres Auflösungsvermögen als beim üblichen Lichtmikroskop zu erreichen. Nun kann man fragen, ob es nicht vielleicht auch ganz andere Möglichkeiten gibt, um mittels Licht Strukturen weit unterhalb der Abbeschen Grenze aufzulösen. Dies erscheint besonders interessant, weil die Wechselwirkung der Probe mit sichtbarem, infrarotem oder auch ultraviolettem Licht infolge der Anregung von bestimmten Elektronen- oder Schwingungsübergängen Strukturcharakteristika sehr deutlich hervortreten läßt.

Um einen solchen Weg zu finden, müssen wir uns genau überlegen, welche Voraussetzungen bei der Ableitung der Abbeschen Beziehung getroffen wurden. Wir erinnern uns, daß diese Beziehung sehr allgemein für die Abbildung mit fortlaufenden Wellen, die an der Probe gebeugt wurden, abgeleitet wurde. Es handelt sich dabei um Wellen, die sich vor und nach der Probe in Bereichen, die groß gegen die Wellenlänge sind, frei ausbreiten. Also lohnt es, darüber nachzudenken, was man unter Verzicht auf diese Bedingung der freien Ausbreitung erreichen kann. Auch hierbei mußte nichts Neues erfunden, sondern Bewährtes auf ein anderes Gebiet übertragen werden.

In der (akustischen) Stethoskopie, wie sie u.a. die Mediziner verwenden, werden mittels Schallwellen im Dezimeter- bis Meterbereich Strukturdetails unterhalb eines Zentimeters "erklopft", d.h. weit unterhalb der Abbeschen Auflösungsgrenze. Die

Begründung für diese Leistungsfähigkeit ist sehr einfach. Die "punktförmige" Schallquelle (z.B. ein Knöchel des Arztes, auf den er klopft) wird sehr nah an das Objekt (z.B. den Brustkorb) gebracht, so daß die von der Quelle ausgehenden Wellen die gewünschten Objektpunkte erreichen, bevor sie durch Beugung weit auseinandergelaufen sind. Wie beim Rastermikroskop wird nun der punktförmige Sender über das Objekt geführt, und dabei nimmt der Arzt Unterschiede im reflektierten Schall wahr, die ihm Aufschluß über die Struktur geben. Mit objektiver Aufzeichnung und Speicherung des Signals über Mikrophon, Verstärker und Computer könnte man ebenso wie beim Rastermikroskop ein Bild des Objektes auf dem Monitor darstellen. Die Auflösungserhöhung wird dabei - wie beschrieben - durch das nahe "Heranbringen" von Sender und/oder Empfänger an das Objekt erreicht: man arbeitet statt im Fernfeld im Nahfeld.

Nun kann man diesen Trick aus der akustischen Stethoskopie auf das Lichtrastermikroskop bzw. allgemein auf Rastermikroskope mit elektromagnetischen Wellen übertragen und kommt damit zum optischen Stethoskop oder Nahfeldmikroskop. Wesentliche theoretische Grundlagen dafür wurden bereits von H. Bethe [33] geschaffen, der im Zusammenhang mit seinen Arbeiten zur Mikrowellentechnik und zum Radar untersuchte, wie das elektromagnetische Feld unmittelbar hinter einem kleinen Loch in einem metallischen Resonator bzw. in einer Metallwand aussieht und wie sich daraus das Fernfeld entwickelt.

Abb. 9 zeigt das Schema eines solchen Mikroskops [34, 35]. Abb. 10a) stellt das registrierte Signal für eindimensionale Abtastung eines Spaltes, dessen Breite 1/5 der Vakuumwellenlänge der verwendeten Strahlung beträgt, mit einem "Quellenspalt", dessen Breite 1/3 der Vakuumwellenlänge beträgt, für verschiedene Abstände zwischen Quellenebene und Objektebene dar. Man erkennt, daß man die beiden Ebenen

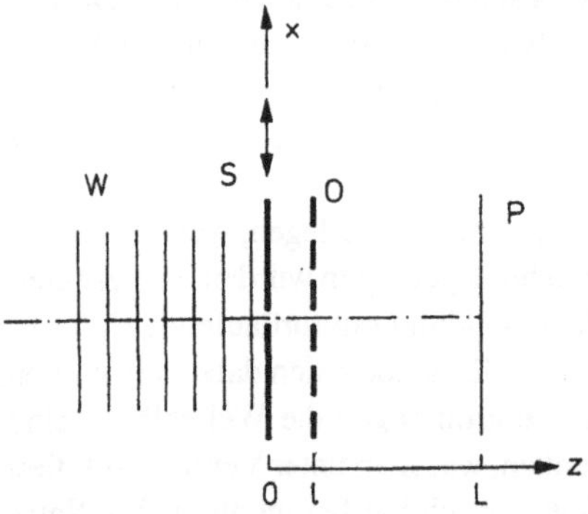

Abb. 9. Schematische Drastellung eines Nahfeldrastermikroskops mit begrenzter Quelle und ausgedehntem Empfänger (*W* einfallende ebene Quelle, *S* Metallschirm mit feinem Spalt bzw. kleinem Loch als Quelle, die zur Abrasterung über der Objektebene (hier in *x*-Richtung) verschoben wird, *O* Objekt (hier ein Strichgitter in Analogie zu den Abbeschsn Experimenten), *P* ausgedehnter Photoempfänger)

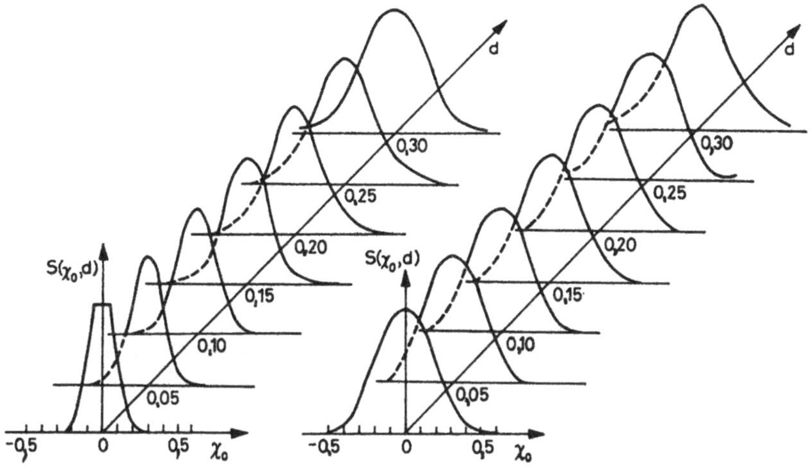

Abb. 10. Signal eines Spaltes der Breite 0,2 λ, das durch Abrastung mit einem Quellenspalt der Breite 0,3 λ erhalten wird, in Abhängigkeit von der dimensionslosen Verschiebungskoordinate $X_o = x_o/\lambda$. Das Signal wurde für verschiedene Werte des dimensionslosen Abstandes $d = l/\lambda$ zwischen Quellenebene und Objektebene dargestellt [35].
a) Bei Berücksichtigung des evaneszenten Feldes
b) Ohne Berücksichtigung des evaneszenten Feldes

sehr nahe (Abstand Quellenspaltbreite) aneinander bringen muß, um ein objektähnliches Signal zu erhalten, was an der Aufweitung des Feldes unmittelbar hinter dem Quellenspalt infolge von Beugung bzw. an der Dämpfung des sogenannten evaneszenten Feldes liegt. Entscheidend für die Signalentstehung ist nämlich, daß das Objekt im Bereich dieses evaneszenten Feldes liegt; das ist jener Teil des Feldes, der durch das Quellenloch hindurchgreift, aber - ohne Störung durch das Objekt - nicht zu einer fortlaufenden Welle im Fernfeld führt.

Mathematisch kann man das im Rahmen der üblichen Beugungstheorie d.h. mittels Fourier-Transformation folgendermaßen ausdrücken: Aus der ebenen Eingangswelle mit der Amplitude E_0 entsteht durch die Wirkung des Quellenspaltes mit den Mittelpunktkoordinaten $z = o$, $x = x_o$ und der Feldstärketransmission $t(x - x_o)$ eine Welle mit der Amplitude $E(x, z=o; x_o) = t(x - x_o)E_o$. Ihre Fourier-Transformierte ist durch

$$E(f_x, z=o; x_o) = E_o \int_{-\infty}^{\infty} dx \exp[-2 \pi i f_x x] t(x - x_o) \qquad (12)$$

gegeben. In einer Ebene unmittelbar an dem Objekt bei $z = l$ erhalten wir dann

$$E(f_x, l; x_o) = E(f_x, z=o; x_o) \quad \times$$

$$\begin{array}{ll} \exp[-i\,2\pi\, l\sqrt{1/\lambda^2 - f_x^{\,2}} & \text{für } f_x < 1/\lambda, \\ \exp[-2\pi\, l\sqrt{1/\lambda^2 - f_x^{\,2}} & \text{für } f_x < 1/\lambda. \end{array} \qquad (13)$$

Das Feld selbst kann nun wieder durch Fourier-Rücktransformation gewonnen werden. Man erkennt sofort, daß dieses aus einer fortlaufenden Welle (entstanden aus den Fourier-Komponenten mit Raumfrequenzkomponenten f_x kleiner als die reziproke Wellenlänge) und einem evaneszenten Feld (entstanden aus den Fourier-Komponenten mit $f_x > 1/\lambda$) besteht. Aus (13) ist ersichtlich, daß das evaneszente Feld exponentiell mit dem Abstand l zwischen Quell- und Objektebene absinkt. Um wesentliche Anteile des evaneszenten Feldes zur Wirkung zu bringen, muß $2\pi\, l \sqrt{1/b^2 - 1/\lambda^2} < 1$ sein [34], wobei *b* die Quellspaltbreite ist. Zur Veranschaulichung des Effekts des evaneszenten Feldes wurde in Abb. 10b) dasjenige Signal dargestellt, das sich ohne dieses Feld ergäbe. Man sieht, daß die wesentlichen Strukturinformationen verloren gehen und man eine Signalausdehnung in *x*-Richtung von der Größe der Wellenlänge erhält. Man kann also nur analog zum Nachweis kleiner Objekte in der Dunkelfeldmikroskopie sagen, daß sich nahe $x_o = o$ ein Objekt befindet, ohne Angaben über seine Größe machen zu können.

Die Beschränkung auf eine Abtastkoordinate wurde hier nur wegen der einfacheren Darstellung vorgenommen. Man kann die Abtastung analog in der gesamten Ebene beschreiben.

Als Beispiel für eine extrem hohe Auflösung weit unterhalb der Wellenlänge zeigt Abb. 11 das Bild einer dünnen Kupferfolie, in die ein Gitter mit 10 Linien pro mm geätzt wurde. Die Abtastung wurde bei einer Wellenlänge von 120 mm vorgenommen. Man sieht, daß Details, die kleiner als 1/1000 der Wellenlänge sind, deutlich aufgelöst werden können [36]. Zu bemerken ist, daß mit wachsenden Anforderungen an die Auflösung die Quelle immer weiter verkleinert werden muß, wodurch die Signalgröße stark zurückgeht (für Lochstrahler mit der vierten Potenz der aufzulösenden Strukturgröße). Deshalb ist man auf extrem empfindliche Nachweistechniken angewiesen.

Von Pohl und Mitarbeitern [37, 38] wurde die Methode des optischen Stethoskops sehr erfolgreich auf den sichtbaren Spektralbereich angewendet. Dabei konnten zwar nicht so hohe Auflösungen in Relation zur Wellenlänge wie im Mikrowellenbereich erzielt werden, aber mit beobachtbaren Details von 50 nm Durchmesser wurde die weitaus höchste Auflösung für Lichtmikroskope im engeren Sinne erzielt. Dies hat wegen der eingangs genannten Strukturempfindlichkeit der Lichtmikroskope eine besondere Bedeutung. Übrigens sei erwähnt, daß diese erfolgreiche Gruppe in demselben Labor (IBM Rüschlikon) arbeitet, in der das erste Tunnelmikroskop gebaut wurde, und daß die gleichen Rastersysteme verwendet wurden. Nun liegt es sicher nahe, Methoden des optischen Rastermikroskops mit dem Tunnelmikroskop zu kombinieren,

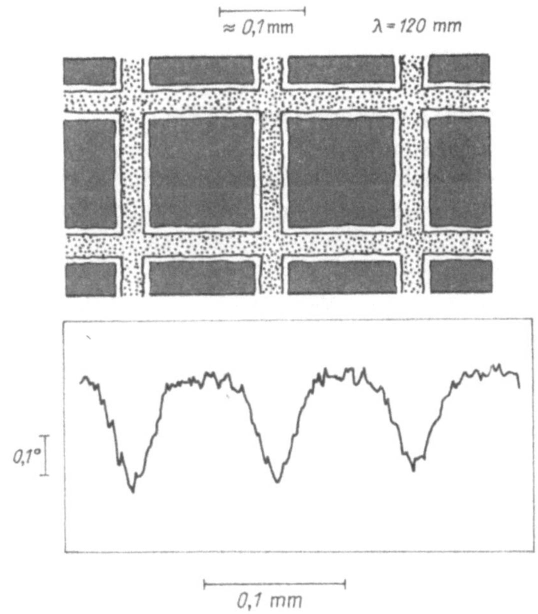

Abb. 11. Rastermokroskopische Aufnahme eines Gitters mit 10 Linien pro mm in x- und y-Richtung. Die Aufnahme wurde mit einem Mikrowellen-Mikroskop bei 120 mm Wellenlänge vorgenommen. (Zur Erhöhung der Empfindlichkeit wurde eine kohärente Nachweistechnik mit phasenregistrierender Detektion angewendet, worauf sich die Phasenangabe im unteren Teil der Abbildung bezieht.) [36]

um vom ersteren die Strukturempfindlichkeit und vom zweiten die räumliche Auflösung zu erhalten. Erste Schritte in dieser Richtung wurden unlängst von H. Walther und Mitarbeitern [39] gegangen.

Wenn abschließend nochmals nach der Auflösungsgrenze eines Lichtmikroskops gefragt wird, so sollte man vielleicht antworten, daß diese aus gegenwärtiger Sicht durch die Dimensionen der kleinsten Antennen für sichtbares Licht gegeben ist, und das sind die Atome selbst. Mit geeigneten Anordnungen sollte es also in Zukunft möglich sein, auch mit Lichtmikroskopen in den Bereich atomarer Auflösung zu gelangen. Für die dazu notwendigen Geräte wird - wie für alle in diesem letzten Abschnitt beschriebenen Instrumente - die Aussage Abbes gelten, daß sie die Lichtmikroskope jener Epoche an Leistung weit übertreffen, aber mit ihnen nicht viel mehr als den Namen Mikroskop gemeinsam haben.

Literaturverzeichnis

[1] R. W. Pohl: Optik und Atomphysik (9. Auflage). Springer, Berlin, Göttingen, Heidelberg 1954
[2] H. Autrum: Biol. Zbl. 63 (1943), 209
[3] H. Wässle: Progress in Retinal Research. Pergamon, Oxford 1982
[4] C. G. Philips: Brain 107 (1984), 328
[5] A. Kistner: Geschichte der Physik, Bd. 1. Göschen, Leipzig 1906
[6] S. J. Kepler: Opera Omnia, Bd. II. Frankfurt/M. 1859
[7] R. Hooke: Micrographia or some Physiological Descriptions of Minute Bodies made by Magnifying Glasses with Observations and Inquiries there upon. London 1667
[8] D. S. Rozhdesvenstkij: Priroda (1936), Nr. 6
[9] M. von Rohr: Zur Geschichte der Zeißschen Werkstätte bis zum Tode Ernst Abbes. Carl Zeiß, Jena 1936
[10] F. Auerbach: Ernst Abbe, Eine Lebensbeschreibung. Akademische Verlagsgesellschaft, Leipzig 1918, S. 176
[11] E. Abbe: Gesammelte Abhandlungen von Ernst Abbe. G. Fischer, Jena 1906
[12] s. [11], Bd. 2, S. 206-207
[13] J. Wittig: Ernst Abbe, Biographien hervorragender Naturwissenschaftler, Techniker und Mediziner, Bd. 94. Teubner, Leipzig 1989
[14] D. Hofmann: Handbuch Meßtechnik und Qualitätssicherung. Verlag Technik, Berlin 1986, S. 293 ff.
[15] B. Wilhelmi: Promotion, Jena 1966, und Infrared Phys. 8 (1968), 157
[16] E. Abbe, Briefe an seine Jugend- und Studienfreunde Carl Martin und Harald Schütz. Akademie-Verlag, Berlin 1986
[17] E. Abbe: Max Schultzes Arch. f. mikroskop. Anat. 9 (1873), 413
[18] C. Hofmann, H. Zöllner: Feingerätetechnik 22 (1973), 151
[19] D. Gabor: Proc. Roy. Soc. A197 (1949), 454, und Proc. Roy. Soc. B64 (1951), 378
[20] E. Leith, J. Upatnieks: J. Opt. Soc. Amer. 51 (1961), 1429
[21] W. Reichel, Feingerätetechnik 22 (1973), 167
[22] B. Wilhelmi: in Beiträge zur Optik und Quantenelektronik. Physikalische Gesellschaft der DDR, Berlin 1976, S. 69
[23] P. Bussemer, U. Dietrich, B. Wilhelmi: Optica Acta 29 (1982), 501
[24] H. Boegehold: Z. wiss. Mikr. 55 (1938), 17
[25] H. Riesenberg: Feingerätetechnik 22 (1973), 163
[26] H. Riesenberg: Jenaer Jahrbuch 1956, S. 30
[27] G. Schmahl: in B. Wilhelmi (Ed.), High Performance Optics, Proceedings of the Second Ernst Abbe Conference, Jena 1989
[28] E. Ruska: Z. Phys. 87 (1934), 580

[29] H. Bethge, J. Heydenreich (Eds.): Electron Microscopy in Solid State Physics. Deutscher Verlag der Wissenschaften, Berlin 1987
[30] O. Scherzer: Z. Phys. 101 (1936), 593
[31] O. Scherzer: Optik 2 (1947), 114
[32] G. Binnig, H. Rohrer, Ch. Gerber, E. Weibl: Appl. Phys. Lett. 40 (1982), 178
[33] H. A. Bethe: Phys. Rev. 66 (1944), 163
[34] B. Wilhelmi: Optica Acta 33 (1986), 1279
[35] M. Kaschke, B. Wilhelmi: Exp. Techn. Phys. 35 (1987), 305
[36] M. Fee, S. Chu, T. W. Hänsch: Opt. Commun. 69 (1989), 219
[37] U. Dürig, D. W. Pohl, F. Rohner: J. Appl. Phys. 59 (1986), 3318
[38] D. W. Pohl: in B. Wilhelmi (Ed.), High Performance Optics, Proceedings of the Second Ernst Abbe Conference, Jena 1989
[39] M. Völcher, W. Krieger, T. Suzuki, J. P. Thost, H. Walther: Verhandlungen der Deutschen Physikalischen Gesellschaft 3 (1990), 494

Bei Fragen zur Produktsicherheit wenden Sie sich bitte an:
If you have any questions regarding product safety,
please contact:

Walter de Gruyter GmbH
Genthiner Straße 13
10785 Berlin
productsafety@degruyterbrill.com